I0045840

COMPTE-RENDU

DES

TRAVAUX DE LA COMMISSION

instituée

PAR LA SOCIÉTÉ LINNÉENNE DE BORDEAUX

pour l'Étude de la

MALADIE DE LA VIGNE

PENDANT L'ANNÉE 1852.

(Extrait des Actes de la Société Linnéenne de Bordeaux ; T. XVIII , 5me liv.)

A Bordeaux,

CHEZ TH. LAFARGUE , LIBRAIRE,

Imprimeur de la Société Linnéenne ,

RUE PUITS DE BAGNE-CAP , 8.

—

1853.

$

COMPTE-RENDU

DES

TRAVAUX DE LA COMMISSION

DE LA

MALADIE DE LA VIGNE

PENDANT L'ANNÉE 1852.

COMPTE-RENDU

TRAVAUX DE LA COMMISSION

instituée

PAR LA SOCIÉTÉ LINNÉENNE DE BORDEAUX

pour l'Étude de la

MALADIE DE LA VIGNE

PENDANT L'ANNÉE 1852.

(Extrait des Actes de la Société Linnéenne de Bordeaux ; T. XVIII , 5me liv.)

CHEZ TH. LAFARGUE , LIBRAIRE ,

Imprimeur de la Société Linnéenne ,

RUE PUITS DE BAGNE-CAP, 8.

1853.

AVIS.

La Société Linnéenne croit devoir prévenir les lecteurs de la présente brochure, qu'elle ne contient qu'une seule pièce (le *Rapport* et les *Conclusions* de la Commission) qui soit réellement l'œuvre officielle et commune de cette Commission. Dans les mémoires dus à quelques-uns de ses membres, dans les documents qu'elle a reçus de l'extérieur, dans les procès-verbaux de ses séances enfin, il peut et il doit se trouver des détails, des observations, des opinions même qui sont personnelles à ceux qui les ont exposés, et qui n'ayant pas été discutés et repris dans le Rapport général, ne sont insérés dans le Compte-rendu que comme *pièces à l'appui*, et ne font pas partie de l'œuvre propre de la Commission agissant comme corps constitué par la Société.

Le Président de la Société Linnéenne.

CHARLES DES MOULINS.

RAPPORT

PRÉSENTÉ A LA SOCIÉTÉ LINNÉENNE DE BORDEAUX

dans son Assemblée générale du 5 Janvier 1853,

AU NOM DE LA COMMISSION

chargée d'étudier

LA MALADIE DE LA VIGNE;

PAR M. CHARLES LATERRADE,

SECRÉTAIRE-RAPPORTEUR.

MESSIEURS,

La maladie qui s'est manifestée depuis deux ans sur les vignobles bordelais, a fait naître au sein de nos populations des craintes dont l'attention publique s'est vivement préoccupée. Comme tous les corps constitués de notre ville, votre Compagnie s'est émue de l'apparition et des progrès de cette maladie.

Quelques personnes ont pu s'étonner en voyant la Société Linnéenne saisie d'une question rentrant bien plutôt dans le domaine de l'agriculture que dans celui de l'histoire naturelle; il n'est donc peut-être pas inutile de rappeler que vous étiez liés à cet égard par vos antécédents et par vos réglements.

Lorsque, il y a trente-cinq ans, la Société Linnéenne fut fondée, il n'y avait dans la Gironde aucune association qui s'occupât spécialement des intérêts de l'agriculture. L'Académie des Sciences avait bien une section agricole, mais les travaux de cette section étaient peu nombreux et essentiellement théoriques ; aussi, à partir de cette époque, presque tout ce qui se fit en agriculture et en horticulture dans le département, fut-il dû à l'initiative de la Société Linnéenne. La culture des landes, celle de la vigne , la synonymie de ce précieux végétal, l'éducation des vers-à-soie, celle des abeilles, la culture du mûrier furent d'abord excitées, encouragées, récompensées par la Société Linnéenne; un marché aux Fleurs fut créé par ses soins. Deux publications , l'une mensuelle, *L'Ami des Champs*, l'autre annuelle, *Le Guide du Cultivateur et du Fleuriste,* enrégistrèrent, sous son patronage et sous sa direction, des mémoires et des observations ayant trait aux questions agronomiques et horticoles, et plus d'une fois, elle ouvrit les pages de ses *Actes* à des travaux moins pratiques, mais consacrés au même but.

Plus tard, de nouvelles associations se formèrent qui prirent en main d'une manière plus exclusive et par conséquent plus efficace ces précieux intérêts. Un Comice agricole devenu Société d'agriculture, des comices d'arrondissement , une Société d'horticulture, une chaire d'économie rurale, de nouveaux organes de publicité vinrent diminuer la charge que vous aviez dû vous imposer et restreindre ainsi, naturellement, le cadre de vos travaux. Toutefois , et sans vouloir le moins du monde empiéter sur les attributions des autres compagnies, la Société Linnéenne n'a jamais voulu rester totalement séparée d'un champ qu'elle avait exploré longtemps seule et peut-être avec quelque succès. D'ailleurs , la maladie de la vigne ne pouvait échapper à ses investigations puisqu'il s'agissait de déterminer avant tout les ravages d'une cryptogame ou d'un insecte. Aussi les premières publications faites à Bordeaux sur le grave sujet qui nous occupe , eurent-elles pour auteurs des membres de la Société Linnéenne (1) ; aussi dès le 14 Juillet dernier, après avoir constaté les ravages de l'*Oïdium* dans une localité voisine de Bordeaux, la Société Linnéenne désignait-elle, sur la proposition de l'un de ses membres une Commission (2) chargée de suivre les progrès du mal, d'en observer les caractères et d'en rechercher la cause.

Mais en même temps qu'elle regardait comme une obligation pour elle de se livrer à cette sorte d'enquête, la Société Linnéenne considérait comme un devoir non moins impérieux de faire appel à toutes les lumières, d'inviter tous les naturalistes, tous les agronomes à prendre part à des travaux auxquels notre pays tout entier se trouvait si vivement intéressé.

La Commission s'empressa donc d'admettre dans son sein ceux des membres de la Société qui voulurent bien se rendre à ses séances, et elle doit à plusieurs d'entre eux, à MM. Bouchereau, Petit-Lafitte et surtout à M. Ch. Des Moulins qui n'a cessé de participer avec le plus grand zèle à toutes ses recherches, d'importantes communications (3). Votre Commission crut aussi devoir s'adjoindre quelques propriétaires de vignes étrangers à la Société Linnéenne, mais connus depuis longtemps par leur dévouement éclairé au progrès agricole ; c'est ainsi qu'elle a eu la satisfaction de compter au nombre de ses membres les plus actifs, MM. de Bonneval, de La Tresne, Gaschet, de Martillac, et de La

---

(1) Rapport au Congrès scientifique d'Orléans, Septembre 1850, par M Ch. Des Moulins ; Lettre sur la maladie de la vigne en Suisse, en 1851, par M. Ch. Laterrade ; Lettre sur la maladie du raisin, par M. Léon Dufour, etc.

(2) La Commission fut composée de MM. Laterrade père, président, Cuigneau, Desmartis fils, de Kercado, Ch. Laterrade et Lespinasse.

(3) Le Secrétaire-Général de la Société, M. Cazenavette, a également assisté à la plupart des réunions de la Commission.

Vergne, de Macau. Enfin, la Commission n'ignorant pas
que la maladie avait sévi avec plus ou moins d'intensité sur
les vignobles de plusieurs autres points de la France, ainsi
que sur ceux d'Italie et de la Suisse, elle a étendu ses investigations jusques dans ces diverses contrées, et elle a
pu y suivre la marche du fléau, pour ainsi dire, pas à pas,
grâce aux renseignements qui lui ont été fournis par de zélés
correspondants et notamment par MM. Jullien Crosnier
d'Orléans, Bertini de Turin, Ed. Boissier, de Genève.

Votre Commission s'est également mise en rapport avec
le Conseil hygiénique du département et l'Académie des
Sciences de Bordeaux ; elle leur doit la connaissance de
quelques faits intéressants ; dans le but de mettre un terme
aux craintes exagérées de quelques-uns et la quiétude non
moins exagérée de quelques autres, elle a cru utile de publier, dans les feuilles quotidiennes de la ville, des extraits
des procès-verbaux de ses séances ; elle doit des remercîments à MM. les journalistes pour l'empressement qu'ils
ont tous montré à accueillir ses communications.

Tels sont, Messieurs, les principaux auxiliaires à l'aide
desquels votre Commission a accompli de son mieux la tâche
difficile et laborieuse qui lui avait été confiée. Je viens vous
présenter aujourd'hui le résumé de ses travaux.

§. Ier. — **Aperçu historique** (1).

A l'aspect de la maladie qui est venue si inopinément
répandre ses ravages sur presque toutes les parties de l'Europe, on s'est demandé si cette affection était nouvelle, ou
si déjà elle avait été observée ; l'histoire fait souvent mention des contrariétés éprouvées par la vigne, de la perte

---

(1) Nous devons à notre zélé collègue **M. Petit-Lafitte**, quelques-uns des renseignements historiques qui vont suivre.

partielle ou totale des produits de cette plante ; mais les causes qu'elle assigne à ces fâcheuses irrégularités, sont toujours dues aux intempéries des saisons : c'est le froid, ce sont les gelées hâtives ou tardives, ce sont les longues pluies, les longues sécheresses, c'est la grêle, etc., etc. Aussi, ces maladies sont-elles toujours partielles, locales, ne revêtent-elles jamais le caractère de généralité de la maladie nouvelle.

Il est vrai que tout récemment, un des viticulteurs les plus distingués du Midi de la France semblait avancer que l'*Oïdium* s'était déjà montré, il y a environ 400 ans (1), mais cette assertion ne paraît reposer que sur de vagues traditions. On a parlé d'un passage de Pline dans lequel il est question d'une maladie de la vigne qui aurait quelque analogie avec celle qui nous occupe. Voici ce passage : *Est etiamnum peculiare olivis et vitibus (araneum vocant) cùm veluti telæ involvunt fructum et absumunt* (2). « Il y a encore une » maladie particulière aux oliviers et aux vignes (on l'ap- » pelle toile d'araignée) ; c'est lorsque le fruit est enveloppé » et absorbé comme par une espèce de toile ». Cette affection dont parle Pline était connue, à ce qu'il paraît, dès les temps les plus anciens. Voici, en effet, quelques lignes que j'extrais des œuvres de Théophraste, traduites en latin par Cratander : *Oritur et alius morbus oleis qui Arachinium apellatur. Nascitur enim hoc et fructum absumit. Adurunt et æstus quidam et olivas et uvas* (3). « On voit s'élever » aussi sur les oliviers une autre maladie, qui est appelée » *arachinium* ; ce mal se developpe et absorbe le fruit ; cer- » taines chaleurs dessèchent aussi les olives et les raisins ».

---

(1) Cazalis–Allut, *Taille de la vigne*, etc. Montpellier, 1852, p. 21.
(2) Pline, *Hist. nat.*, lib. 18, cap. 24.
(3) Théophraste, *De hist. plant.*, lib. 4, cap. 17.

— On voit que le disciple d'Aristote se sert à peu près des expressions même que Pline devait employer plusieurs siècles après. Théophraste attribue l'*arachinium* à certaines espèces de vers ; il parle dans le même chapitre d'une maladie de langueur, de phthisie (*tabes*) et d'une autre affection, *le charbon* (*uredo*), qui attaquent aussi les arbres et les fruits ; il attribue ces deux dernières maladies à des influences atmosphériques et principalement à des vents qui brûlent les fruits et leur font contracter cet état de dépérissement, de dessèchement qu'on a appelé *uredo*, du verbe *uro*, je brûle. Peut-être, n'y a-t-il pas bien loin de l'*uredo* de Théophraste à l'*Oïdium* des botanistes modernes.

Il résulte des renseignements fournis à votre Commission par M. le D.ʳ Bertini, de Turin, que, dans un contrat notarié passé par la famille Cambrane, en 1743, il est stipulé que dans le cas de *pulviglio* (petite poussière) ou de *rogna* (gale et lèpre) qui viendrait à infecter les raisins, on ferait une réduction sur le prix. Les thèses de Joannès Tealdus, imprimées à Genève, chez Franchelli, en 1743, font aussi mention d'une maladie que l'auteur appelle *Muscus seu scabies plantarum*.

Il ne serait donc pas impossible que déjà la vigne se fût montrée sujette à des altérations plus ou moins graves ayant quelque analogie avec le mal observé de nos jours. Nous disons ayant *quelque analogie*, car ces passages de Théophraste et de Pline, si souvent cités depuis quelque temps, nous paraissent bien moins se rapporter à l'*Oïdium* qu'à la *teigne de la vigne*, décrite ainsi qu'il suit dans un excellent ouvrage déjà un peu ancien (1) : « La *teigne de la grappe.* » Sa larve est connue des vignerons sous le nom de *ver de*

_____

(1) Bosc , *Nouveau Cours complet d'Agriculture*, t XIII, p. 507, Paris, 1809.

» *la vigne*. Dassieux l'a confondue avec celle du sphynx de
» la vigne, quoiqu'elle n'ait que 4 à 5 lignes de long et une
» ligne au plus de diamètre. Elle est dans l'intérieur du grain
» et va de l'un à l'autre en se filant une galerie de soie. Les
» grains qu'elle attaque sont perdus pour le produit et por-
» tent même, dans le vin, des principes de détérioration,
» étant sans partie sucrée. Il est difficile de détruire cet in-
» secte ».

Dans tous les cas, rien, jusqu'à présent, ne nous prouve
que ces altérations aient été autrefois remarquées dans les
vignobles bordelais; les chroniques de Bordeaux et de l'ancienne province de Guienne n'auraient pas manqué d'en
faire mention; or, elles se taisent complètement à ce sujet.
Le précieux manuscrit (1) légué à la bibliothèque de notre
ville par M. Sarreau de Boysset, manuscrit qui renferme
des détails circonstanciés et étendus sur la vigne, ne parle
d'aucune affection semblable à celle d'aujourd'hui.

Ainsi, pour nous et pour la France, cette affection paraît
nouvelle. En 1845, un jardinier de Margate, petit bourg
situé près de l'embouchure de la Tamise, remarqua d'abord
dans ses serres, puis en plein air, que les vignes qu'il cul-
tivait, se recouvraient d'une sorte de poussière blanchâtre
qui s'étendait sur les feuilles et sur les grappes, contrariait
le développement des grains du raisin, les conduisait à se
rider, à s'entr'ouvrir, à montrer à vue leurs pepins, à se
gâter et à se corrompre complètement. Étudiée par un botaniste de Bristol, M. Berkeley, cette maladie fut considérée
comme la conséquence d'une mucédinée parasite, consti-
tuant une nouvelle espèce qui fut nommée *Oïdium Tuckeri*,

---

(1) Observations météorologiques et agricoles faites pendant 53
ans, de 1718 à 1770.

du nom du nom du jardinier Tucker qui l'avait d'abord observée.

De 1841 à 1848, la maladie se propagea avec rapidité ; elle envahit toutes les serres et toutes les vignes en treilles de l'Angleterre, en causant de graves dommages ; elle traversa la Manche, passa en Belgique et arriva en France où elle fut constatée en 1848, dans les serres de M. Rotschild, à Suresne, près de Paris. En 1849, Versailles, Montrouge et tous les environs de Paris en furent atteints. Bientôt, en 1850 et 1851, les grands vignobles de la France et ceux des pays voisins cessèrent d'être épargnés : le Mâconnais, les environs de Lyon, l'Isère, le Doubs, le Languedoc et la Provence en furent plus ou moins affectés, en même temps que la Suisse, le Piémont, la Toscane, etc.

Ce fut en 1851 qu'elle apparut dans la Gironde, et notamment à Podensac, où les ravages furent constatés par une Commission du Conseil départemental de salubrité ; mais craignant d'alarmer inutilement de nombreux intéressés, l'autorité préfectorale crut devoir garder le silence sur le rapport qui lui fut adressé.

Cette année, la maladie a pris des proportions telles que le silence n'était plus possible ; dès le mois de Juillet, l'*oïdium* était constaté par vos soins dans un grand nombre de localités parmi lesquelles je citerai Arlac, Mérignac, Podensac, Cérons, Barsac, Villeneuve, Bordeaux, etc., et dans le Médoc, Macau, Margaux, Cissac, etc.

Votre Commission a donc pu se procurer de nombreux échantillons qu'elle a soumis à l'examen le plus attentif ; elle s'est transportée au milieu des vignobles atteints par la maladie, afin de se rendre compte, aussi exactement que possible, de la nature et de l'étendue du mal. Voici ce qu'elle a observé :

§. II. — Description de la maladie.

Aspect général. — Quiconque aura jeté les yeux une seule fois dans sa vie sur un champ de vignes atteint par l'*Oïdium*, ne pourra jamais oublier le triste tableau qui aura frappé sa vue. — Rien ne ressemble à cela. — Des sarments couverts d'une sorte de lèpre noire, des grains comme saupoudrés d'une poussière blanche, entr'ouverts, ridés, desséchés, laissant échapper comme toute la plante une exhalaison fétide. — Voilà ce qui se présente d'abord aux regards de l'observateur. Rappelons maintenant les symptômes morbides particuliers à chacun des organes de la plante.

Racines et souches. — Votre Commission, dans le courant du mois d'Août, a examiné des racines et des souches provenant de pieds fortement atteints par la maladie ; elle n'y a constaté aucune altération ; plusieurs personnes cependant ont cru remarquer dans certaines racines provenant de pieds oïdiés des phenomènes morbides d'un caractère extrêmement grave ; l'un de nos plus zélés collègues ayant fait arracher quelques pieds malades, nous a déclaré que les racines de l'année, celles qui s'étaient nouvellement formées et qui devaient par conséquent être pleines de vie, étaient à moité pourries et en partie couvertes de moisissures ; les sarments qui, étendus, avaient formé des provins, étaient eux-mêmes lésés et pourris en certains endroits, les mêmes symptômes se reproduisaient sur le pied-mère. Ces faits, je le répète, sont extrêmement graves et doivent exciter l'attention la plus sérieuse des viticulteurs. Il ne faut pas oublier, toutefois, qu'il est de la nature des racines de se dépouiller, pour ainsi dire, de ses radicelles pour les remplacer par d'autres, comme la branche se dépouille de ses feuilles pour faire place au bourgeon qui doit donner naissance à de nouvelles feuilles ; il ne faut donc pas être surpris si la racine présente des ramifications desséchées et flétries ; ce phénomène peut être tout simplement le résultat normal de l'organisation des végétaux.

Sarments. — Taches plus ou moins nombreuses, plus ou moins grandes, de formes diverses, mais généralement irrégulières et allongées, rarement circulaires, de couleur brun foncé et quelquefois entièrement noires. L'épiderme seul paraît attaqué ; le tissu herbacé est intact ; le bois et la moëlle ne présentent pas d'altération.

Feuilles. — Elles présentent d'abord à leur partie supérieure des taches jaunâtres ; puis une végétation cryptogamique qui s'empare quelquefois de leurs deux faces, y forme des plaques irrégulières, quelquefois noirâtres, souvent brunes, la face supérieure surtout devient pulvérulente, le parenchyme se crispe et se dessèche.

Pédoncules. — Les accidents sont analogues à ceux des sarments ; ils ont pour conséquence le ramollissement des fibres, leur flétrissure, leur envahissement par la cryptogame.

Fleurs. — Elles sont rarement atteintes ; la Commission a pu cependant constater la présence de l'*Oïdium* sur une fleur de vigne ; l'échantillon qui lui était soumis, venait d'Orléans.

Grains du raisin. — D'abord points noirs, tache fauve, noirâtre qui semble ne devoir atteindre que l'épiderme ; plus tard, la tache se rembrunit encore ; elle prend de la consistance, forme une sorte de callosité, de croûte assez dure au toucher et se creuse un chemin vers le centre de la baie ; alors le grain cesse d'être rond ; il est irrégulier, tronqué, il semble avoir été endommagé, meurtri par la grêle ; bientôt le grain perd entièrement son éclat métallique ; il se couvre d'une végétation cryptogamique blanche, pulvérulente ; le grain s'entr'ouvre, le pepin semble se précipiter en dehors du péricarpe ; la végétation s'arrête ; la maturité ne peut s'effectuer.

Remarquons toutefois que ces caractères ne se présentent pas toujours de la même manière ; ainsi cette succession de symptômes a principalement lieu quand le raisin est envahi de bonne heure par la maladie, mais souvent de jeunes raisins sont couverts d'*oïdium* sans présenter la moindre déchirure et sans offrir cette tache noire dont nous venons de parler.

Description de l'Oïdium. — Parmi tous les phénomènes que je viens de rappeler, celui qui est le plus général et qui a dû fixer d'une manière plus particulière l'attention de votre Commission, c'est cette espèce de végétation blanche, pulvérulente, qui recouvre les feuilles et le fruit ; cette végétation, vous ne l'ignorez pas, c'est la mucédinée décrite pour la première fois par **M. Berkeley (1)**, c'est l'*oïdium Tuckeri*. Nous l'avons examinée à l'aide d'un excellent microscope et nous y avons pu aisément en reconnaître tous les caractères tels qu'ils se trouvent consignés dans cette description que nous devons à l'un de nos plus savants cryptogamistes, M. Camille Montagne : « Comme
» la plupart des mucédinées, disait M. Montagne, l'*oïdium*
» est constitué par deux sortes de filaments, les uns stéri-
» les, les autres fertiles. Les premiers qui en forment
» le système végétatif rampent sous l'épiderme entre les
» méats intercellulaires, quand la plante se développe
» sous les feuilles et sur l'épicarpe lorsqu'elle se montre
» sur le fruit. Les seconds ou les filaments fertiles sont
» dressés, longs au plus de $\frac{1}{5}$ ou $\frac{1}{6}$ de millimètre, cloi-

---

(1) *Gardener's chronicle* 1847, n.º 48.

(2) *Bulletin des Séances de la Société nationale et centrale d'Agriculture de Paris*, t. V, p. 500.

» sonnés de distance en distance et un peu renflés en mas-
» suc au sommet. Sur les feuilles, on les voit sortir par
» l'ouverture des stomates ; mais , sur les fruits, l'épicarpe
» étant privé de ces organes , ils s'élèvent directement du
» filament qui rampe à la surface de celui-ci. C'est le der-
» nier article des filaments fertiles qui se transforme en
- spore , et , comme cette métamorphose peut se répéter
» un grand nombre de fois , le filament croissant incessam-
» ment , on conçoit l'immense quantité qui s'en doit pro-
» duire et la prompte dissémination qui s'en doit faire pour
» propager la maladie aux ceps voisins du premier infecté.
» Ces spores ou séminules sont elliptiques et ont , à la ma-
» turité , une longueur égale à 0,035 de millimètre sur un
» diamètre de près de 0,002 de millimètre. Comme elles ne
» tombent pas toujours au fur et à mesure de leur produc-
» tion , on en trouve quelquefois trois ou quatre qui sui-
» vent et forment le chapelet ».

§ III. — Direction et propagation de la maladie.

Les viticulteurs se sont demandé si l'invasion de la maladie n'obéissait pas constamment à une direction uniforme ,
invariable ; venue d'Angleterre à Paris ; la maladie s'était
étendue aux vignobles de la Bourgogne et du Lyonnais ; elle
avait gagné la Suisse , le Piémont , l'Italie ; il était assez
naturel d'en conclure qu'elle se propageait de l'Ouest à
l'Est ; mais il n'en a point été ainsi dans la Gironde où elle
a suivi au contraire une marche diamétralement opposée.
De Podensac, en effet , nous l'avons vue envahir successi-
vement Bordeaux , La Brède , Blanquefort , Pauillac , Saint-
Laurent et Lesparre , se dirigeant comme on le voit de l'Est
à l'Ouest. Remarquons aussi que la rive gauche de la
Garonne a seule été gravement atteinte ; la rive droite a été
presque entièrement épargnée.

Bien qu'il soit difficile de démontrer comment s'effectue la propagation de la maladie, des faits nombreux nous portent à penser que cette affection est contagieuse, ou se propage du moins de proche en proche avec une grande facilité. En effet, à peine un raisin est-il attaqué, le cep entier est envahi, et peu après les pieds qui l'environnent présentent eux aussi, presque toujours les mêmes caractères. Du reste, la seule inspection des sporules de l'*oïdium*, leur extrême ténuité, leur prodigieuse multiplicité, suffisent bien à expliquer la rapidité avec laquelle le mal s'étend et s'accroît aussitôt que l'invasion a commencé. Généralement l'*oïdium* a exercé, d'ailleurs, des ravages considérables là où, l'année précédente, il avait fait une légère apparition.

Si donc l'observateur rencontre quelques pieds encore sains au milieu d'un champ infesté d'*oïdium*, ce sont là de ces exceptions qui attestent sans doute la vigueur, le manque de prédisposition des ceps qui sont préservés, mais qui sont loin de prouver que la maladie n'est pas contagieuse.

C'est vers la fin du mois de Juillet que l'*oïdium* s'est manifesté dans la Gironde; depuis cette époque, bien des vignobles qui avaient échappé à ses atteintes, ont été envahis à leur tour; mais la Commission a constaté que le mal diminuait toujours de force en raison de la tardivité de l'invasion. Ainsi, dans les vignobles attaqués en Juillet, une partie notable de la récolte a été perdue; elle n'a été que faiblement diminuée ou simplement compromise dans les vignobles sur lesquels la maladie a sévi un mois ou six semaines plus tard.

§ **IV.**— **Affections autres que l'Oïdium, observées sur la vigne.**

Comme nous l'avons déjà fait remarquer, la maladie qui a sévi cette année sur les vignobles bordelais, a surtout été signalée par la présence et le développement de la crypto-

game dont nous venons de rappeler les principaux caractères ; cependant, si toutes les vignes atteintes par l'*oïdium*
ont cruellement souffert, il ne serait pas exact d'en conclure
que toutes les vignes qui ont souffert, ont été couvertes
d'*oïdium*. Votre Commission a été appelée, en effet, à
constater les ravages considérables occasionnés par un mal
dont les symptômes n'avaient que bien peu d'analogie avec
ceux que nous avons énumérés plus haut. Dès le mois de
Juillet, alors que l'*oïdium* commençait à se montrer dans
quelques localités voisines de Bordeaux, des vignobles en-
tiers se trouvaient envahis par une maladie dont la forme
était différente sans doute, mais dont les déplorables effets
avaient aussi pour la récolte les mêmes conséquences. —
Les raisins examinés par vos commissaires présentaient les
caractères suivants : d'abord une tache brunâtre due à l'induration et au racornissement de l'épiderme qui s'amincit à
mesure que la tache se développe en s'agrandissant en diamètre ; peu à peu le centre de la tache se déprime et s'é-
claircit, tandis que les bords conservent la teinte foncée primitive et sont relevés ; plus tard, l'épiderme est détruit mais
la pulpe de verjus s'altère de la même façon, et enfin, le
pepin qui a continué de se développer devient lui-même
brunâtre et taché dans la portion qui est dépourvue d'enveloppe ; les bords de cette sorte de plaie se racornissent et
se replient sur eux-mêmes, de manière que le pepin fait
saillie en dehors de la baie ; examinée au microscope sous
différentes coupes, cette altération ne nous a offert qu'un
amas de granulations amorphes sans ligne de démarcation
tranchée avec le reste du tissu normal. Les pieds atteints
de cette affection, présentent d'abord sur les feuilles des
taches sèches, brun-clair ; bientôt la feuille se crispe, se
déchire et flétrit. Telle est, Messieurs, l'altération que
nous avons appelée *maladie noire* pour la distinguer de la
première.

Un de nos collègues nous a assuré que cette affection n'était pas nouvelle et n'offrait pour l'avenir aucun danger sérieux ; elle a surtout sévi dans les années où de fortes chaleurs avaient été suivies par un refroidissement subit de la température ; les vignes du Midi, les cépages qui nous viennent des contrées les plus méridionales, le *merleau*, le *cavernet*, le *sauvignon*, le *malaga*, etc., en sont plus souvent attaqués que les autres ; les cépages du sud de l'Espagne et de la Turquie implantés en France, présentent tous les ans cette altération à un degré plus ou moins fort.

Ces assertions sont d'autant plus rassurantes, qu'elles émanent d'un homme dont le nom fait autorité dans la viticulture (1). Nous ne pouvons cependant nous empêcher de signaler la maladie noire comme ayant sévi cette année dans plusieurs communes avec une intensité inconnue jusqu'à présent dans ces localités.

Justement préoccupés de l'invasion de la redoutable cryptogame, les propriétaires de vignes se sont mis à parcourir leurs vignobles dans tous les sens, et des phénomènes qui se développent tous les ans sous leurs yeux sans être remarqués ont été pour eux, cette année, la cause d'un véritable effroi. Votre Commission a souvent eu l'occasion de calmer des craintes peu fondées. Tantôt on lui présentait des feuilles de vigne couvertes de larges taches d'abord blanches, puis prenant une teinte jaunâtre plus ou moins foncée, tantôt c'était des feuilles coloriées d'un rouge quelquefois assez vif ; dans le premier cas, c'était l'*Erineum vitis*, qui ne fait aucun mal même à la feuille sur laquelle il se développe ; dans le second cas, c'était le résultat d'une affection légère, d'une sorte de brûlure connue par les

---

(1) M. Bouchereau.

vignerons sous le nom de *rougeot*; dans l'un et l'autre cas,
ce n'était rien que de très-ordinaire et de parfaitement
innocent.

§ V. — Des moyens curatifs.

La maladie de la vigne étant connue, observée, décrite,
ses funestes conséquences sur le raisin étant malheureusement incontestables, on a dû se préoccuper et on s'est
vivement préoccupé de toutes parts d'y apporter un remède.
Quelques-uns ont vanté un procédé qu'on disait avoir été
employé avec un grand succès de l'autre côté des Alpes; il
s'agissait d'une saignée faite à la racine. Mais les renseignements qui nous ont été transmis du pays même où le
procédé avait été mis d'abord en usage, ne permettent pas
à votre Commission d'y attacher une grande importance.
D'ailleurs, plusieurs faits viennent à l'encontre de toute
pratique qui serait basée sur la nécessité d'*esséver* le cep
malade; je vous rappellerai celui-ci : le 16 Mai dernier,
une pièce de vigne fut grêlée; le lendemain 17, on procéda
à la taille de cette vigne; une seule manne avait été préservée de la grêle, on la respecta — et cependant, l'*oidium*
l'a envahie. L'appauvrissement de la sève ne paraît donc
pas être un moyen à préconiser pour empêcher la maladie.

Des moyens curatifs externes ont été proposés en grand
nombre; les uns devant produire un effet simplement mécanique; d'autres destinés à exercer sur l'organisation végétale une action plus directe en faisant pénétrer dans les
tissus même altérés par la maladie, certains agents répara-
teurs. Parmi tous ces moyens, le soufre et la chaux se
retrouvent presque toujours.

L'Institut agronomique de Versailles avait adopté et publié la recette suivante :

500 grammes chaux,
500 » fleur de soufre;

faire bouillir dans trois litres d'eau, laisser refroidir, dé-
canter, mêler le résultat dans un hectolitre d'eau, arroser
les fruits et la plante, soit à la pompe, soit à l'arrosoir à
pomme suivant la position du cep.

Un jardinier de Paris, M. Bergmann, ayant légèrement
humecté les tuyaux qui traversent ses serres, les a saupoudrés avec de la fleur de soufre; il a ensuite chauffé le
thermo-siphon; il y a eu production et dégagement d'acide
sulfureux. L'*oïdium* a disparu et les raisins sains en ont été
préservés.

Mais s'il était possible d'employer le gaz acide sulfureux
dans un espace resserré, couvert, abrité, comme l'est une
une serre, il était autrement difficile d'appliquer ce procédé à nos grandes cultures; c'est pourtant ce qu'a essayé
de faire l'un de vos Commissaires (1); après avoir couvert
d'une sorte de manteau de toile cirée le cep qui est atteint
d'*oïdium*, l'opérateur suspend à la partie inférieure du pied
un petit godet contenant de la fleur de soufre et un morceau de mèche soufrée auquel on met le feu. Le gaz acide
sulfureux se développe aussitôt en grande quantité et se
répand dans tout l'appareil. Deux minutes suffisent pour
que l'action du remède soit produite. L'auteur de ce procédé a établi devant une sous-commission désignée à cet
effet, des calculs desquels il résulte que ce moyen serait peu
onéreux, même s'il s'agissait d'opérer sur un vignoble d'une
vaste étendue. — Des expériences qui ont été faites à Macau
avec le plus grand soin mais malheureusement sur un petit
nombre de ceps malades, ont donné les résultats les plus en-
courageants pour l'application du procédé de M. de La Vergne.

Ce n'est pas seulement à Paris et à Bordeaux que le soufre a été employé avec succès pour combattre les effets de

(1) M. De La Vergne.

l'*oïdium*. Dès le mois d'Août 1851 , M. Cantù, professeur
de chimie à l'Université royale de Sardaigne, prescrivait dans
la *Gazette piémontaise* les fumigations avec le gaz acide
sulfureux.

Cependant, parmi les documents que l'Académie des
Sciences de Bordeaux a bien voulu nous communiquer, se
trouvent deux lettres de M. Lefebvre, de Paris, qui rejette
l'emploi de la fleur de soufre et celui de l'hydrosulfate de
chaux pour la cendre de bois et de charbon qui lui a complètement réussi.

Votre Commission, Messieurs, a dû voir avec une vive
satisfaction les efforts de plusieurs hommes éclairés se porter vers les moyens à employer pour combattre la maladie
de la vigne ; elle ne saurait trop les encourager à persévérer
dans leurs recherches et leurs expérimentations ; mais aucune de ces tentatives honorables ne lui paraît encore de
nature à pouvoir être préconisée avec des chances sérieuses
de succès pour nos grandes cultures.

La principale difficulté, vous le comprenez, Messieurs,
c'est d'appliquer un remède efficace à une maladie dont les
symptômes commencent à nous être connus mais dont la
cause réelle, échappe encore à toutes nos investigations.

§ VI — Des causes diverses auxquelles la maladie de la vigne a été attribuée.

Des opinions bien différentes ont été émises sur la cause
de la maladie ; chacune de ces opinions s'appuie sur des
faits la plupart du temps irrécusables, mais de nouveaux faits
viennent s'ajouter aux premiers et renverser des théories
basées sur un dénombrement imparfait. — Au milieu de
cette diversité d'opinions, commençons par reconnaître que
tout le monde est à peu près d'accord pour déclarer que la
maladie a sévi sur la vigne sans acception d'âge, de cé-

page, de sol et d'exposition. Les vignes vieilles comme les plus jeunes, les cépages les plus rustiques comme les plus délicats, le sol le plus léger comme la terre la plus forte, l'exposition du Nord comme celle du Midi, celle de l'Est comme celle de l'Ouest, tout a été également envahi ou respecté.

L'*Humidité*. — On a invoqué l'humidité comme la principale cause du mal, mais dans certaines localités, les palus ont moins souffert que les terres hautes; dira-t-on que l'abondance des pluies aura occasionné une prédisposition à l'envahissement du mal; mais la pluie aurait étendu son action sur tous les vignobles d'une contrée et non sur quelques-uns; mais d'ailleurs si notre printemps a été pluvieux, en a-t-il été de même dans le reste de la France, de même en Italie? Il est vraisemblable que non. Et depuis quand l'humidité, l'abondance des pluies amèneraient-elles un semblable fléau. N'avons-nous pas eu des années bien autrement pluvieuses sans que les vignerons aient jamais aperçu dans leurs vignes la moindre trace d'*oïdium*?

La *Fumure et la Taille*. — Plusieurs agronomes ont pensé que les fumures prodiguées avec trop d'abondance à la vigne, avaient pu occasionner à cette plante une certaine dégénérescence. Ils croient que c'est à tort qu'on active outre mesure la force végétative et productive; qu'il faudrait ne pas autant s'éloigner des lois de la nature, ne pas exiger d'un végétal qu'il produise partout et toujours et le plus possible, ces agronomes pensent que la taille et la fumure, choses excellentes en elles-mêmes, ont été et sont encore une source d'abus défavorables à la plante et nuisibles aux intérêts bien entendus du vigneron (1). Ces idées ont été constamment accueillies avec une adhésion marquée

(1) Ch. Laterrade, *Actes de l'Académie des Sciences de Bordeaux*, 13e année, 1851, p. 717.

par votre Commission, mais pour déduire d'un excès de fumure ou de taille la maladie de la vigne, il faudrait avoir enregistré une somme suffisante de faits positifs ; il resterait encore à expliquer pourquoi des vignes fumées avec soin ont échappé à l'*oïdium* tandis que d'autres qui n'avaient reçu depuis longtemps aucun engrais ont été atteintes.

Influence des rayons solaires. — Un honorable pharmacien de Chambéry (Savoie) a écrit à l'Académie des Sciences de Bordeaux une lettre que l'Académie a bien voulu nous communiquer et qui porte la date du 29 Novembre 1852. L'auteur de cette lettre, M. Carret attribue la maladie de la vigne à l'influence pernicieuse que les rayons solaires exercent, dans certaines circonstances, sur les plantes gorgées d'humidité. M. Carret fait observer d'abord que l'affection dont il s'agit, n'a frappé que des exogènes, c'est-à-dire, des plantes dont l'accroissement s'opère de l'extérieur à l'intérieur ; et que parmi ces plantes, celles dont le tissu cellulaire s'est trouvé le plus dilaté et le moins réfractif, ont été les premières atteintes et les plus mal traitées. D'après M. Carret, le mal aurait été d'autant plus intense et d'autant plus général, que les plantes plus dilatées par l'humidité se seraient trouvées exposées pendant ou immédiatement après une pluie, à des rayons plus ardents.

L'*Oïdium.* — L'oïdium est pour nous le symptôme le plus caractéristique, le plus général de l'affection dont la vigne est atteinte depuis quelques années. Non-seulement, nous l'avons observé sur les vignobles que nous avons visités dans le bordelais, mais nous avons pu constater son identité sur les échantillons qui nous sont arrivés de Paris et d'Orléans. Ce n'est pas tout, le Gouvernement ayant chargé M. Rendu de parcourir les pays que le mal avait envahi, M. Rendu a vu l'oïdium aux environs de Bordeaux et dans le midi de la France, puis s'étant rendu à Turin il a,

lui aussi , constaté la parfaite identité de notre oïdium avec
celui qui infestait les vignes de la Sardaigne et du Piémont.
D'ailleurs , une notice récente dont nous vous proposerons
de publier la traduction , ne nous laisse aucun doute sur
l'entière similitude , sur la concordance frappante qui existent entre la maladie observée en Italie et celle que nous
avons étudiée à Bordeaux.

Cependant, nous sommes loin de considérer l'oïdium
comme la cause d'un mal dont il ne peut être que l'un des
effets. L'oïdium est une moisissure ; comme toutes les moisissures il exige pour son développement la préexistence
de certaines conditions indispensables à sa vie ; ce n'est
donc pas lui qui vient tout d'abord altérer le tissu végétal ,
il nous paraît évident que ses imperceptibles semences répandues dans l'air attendent, pour germer, un concours de
circonstances dont il profite mais qu'il ne produit pas. —
Nous en dirons autant de l'*acarus*.

Les Insectes. — Vous êtes peut-être surpris , Messieurs,
de m'entendre prononcer pour la première fois le mot *acarus*. La Commission n'ignore pas le rôle important que
certains naturalistes ont fait jouer à l'acarus pour expliquer
la maladie de la vigne. Aussi a-t-elle constamment recher-
ché avec le plus grand soin dans toutes ses observations
l'insecte dévastateur ; ses recherches ont été vaines ; l'acarus
ne lui est jamais apparu ; elle n'a observé sur les diverses
parties de la vigne malade aucune espèce d'acarus. — Mais
l'*acarus* se fût-il montré à ses regards, qu'elle n'aurait
certainement pas hésité à le considérer comme un des accidents de la maladie. Elle est heureuse de se trouver d'accord à cet égard avec l'opinion de l'un de vos collègues qui
est en même temps l'un de nos entomologistes les plus distingués. Vous n'avez pas oublié que M. Léon Dufour , con-
sulté par vous au sujet de l'acarus, vous écrivait le 18 avril
dernier :

« La vigne, dans sa turgescence végétative, peut être
» frappée par un élément morbide qui en trouble les fonc-
» tions intérieures, sans que cette atteinte initiale se révèle
» en aucune manière aux yeux du vigneron le plus intelli-
» gent, le plus clairvoyant. Plus tard, la circulation de la
» sève languit, la coloration s'altère, les tissus se dénatu-
» rent, la maladie gagne, la mort s'infiltre partiellement,
» les parties tendres ou pulpeuses subissent les décompo-
» sitions chimiques. Le propriétaire s'alarme, il voit, il
» pense, il réfléchit, il se plaint, et pendant ce temps, les
» propagules atmosphériques de l'*oïdium* s'arrêtent sur les
» raisins en voie de pourriture ; ils y trouvent les conditions
» les plus favorables pour germer et se multiplier à l'infini.
» Des insectes de divers ordres, obeissant à la mission pro-
» videntielle de diminuer, en s'en repaissant, les éléments
» putrescibles, accourent de toutes parts pour confier à ces
» foyers de mort les germes de vie de leur progéniture.
» C'est dans cet état de maladie incurable, de gangrène
» envahissante, que le savant armé de sa loupe, et, qu'on
» me passe l'expression triviale mais juste, ne voyant pas
» plus loin que son nez, vient proclamer hautement comme
» auteurs du désastre, et l'*oïdium* inoffensif et les *larves*
» innocentes, et les *acarus* à divers noms, simples visi-
» teurs qui ramassent quelques miettes ou cherchent à
» importuner les larves. Est-ce là, je le demande, une
» accusation fondée ? »

Cependant l'*acarus* observé l'an dernier à Orléans, a
reparu, cette année, sur les vignes du Loiret. Deux agronomes de Lyon prétendent aussi l'avoir trouvé sur leurs
vignes malades ; mais l'un, M. Fléchet (1), en donne une
description qui se rapporte complètement à l'*acarus telarius*

---

(1) *Maladie de la vigne; ses causes, ses effets.* Lyon, 1852.

qui n'est pas celui d'Orléans, l'autre, M. Paulus Troccou (1), a vu un acarus tracassier, qui saute de branche en branche et qui a même la faculté de voler.

§ VII. — Conclusions.

J'ai hâte, Messieurs, d'arriver au terme de ce rapport. La Commission aurait voulu pouvoir tirer de ses observations une conclusion qui mît fin à toutes les incertitudes dont je viens de vous entretenir, mais elle n'a pu, à son grand regret, sortir complètement du champ des conjectures. Je ne dois pas vous laisser ignorer que même au sein de ses délibérations, la Commission a vu s'élever des opinions opposées sur la cause de la maladie de la vigne. Plusieurs de ses membres, en effet, ont soutenu et persistent à penser que l'affection qui a sévi sur la vigne est purement accidentelle, essentiellement extérieure et par conséquent ne prend pas sa source dans une prédisposition organique du cep; ainsi pour eux, l'affection morbide de la vigne n'aurait point son origine dans la sève et ne pourrait pas avoir sur la vitalité du cep de redoutables conséquences. — Mais la majorité de votre Commission a pensé autrement et voici les conclusions qu'elle m'a chargé de poser en son nom.

La vigne a été malade, avec plus ou moins d'intensité, dans un très-grand nombre de localités. Les caractères de cet état morbide n'ont pas été uniformes.

Ici, l'*Oïdium* seul.

Là, l'*Oïdium* avec *Acarus rouge*, ou avec *induration brune*, ou avec *larves d'insectes*.

Ici, la *Maladie noire* seule.

---

(1) *Note sur la maladie de la vigne.* Lyon, 1852.

Là, la *Maladie noire* avec *induration brune*, ou avec *oïdium* consécutif.

Ici, l'*Acarus jaune* sans *oïdium*, ou avec *oïdium* consécutif, ou avec *larves d'insectes*.

Là, l'*Induration brune*, toute seule.

Ici, le *noircissement de l'écorce*, sans ulcère du bois, sans *maladie noire* sur le raisin, sans *oïdium*, sans *acarus*.

Là, les raisins malades d'une façon ou de l'autre, sans que le bois ou les feuilles fussent attaqués, etc.

Si l'on considérait chacune de ces combinaisons, ou même seulement chacun de leurs groupes bien tranchés, comme une *maladie produite par une cause différente*, il serait absurde de penser qu'un si grand nombre de maladies distinctes se fussent donné rendez-vous sur la vigne en général, à la même époque, dans des localités diverses, et avec des combinaisons aussi diverses que ces localités.

Votre Commission pense donc que ces divers phénomènes sont purement symptômatiques, purement consécutifs à une prédisposition morbide de la vigne en général; — en d'autres termes, que la vigne est dans un état quelconque de souffrance qui la prédispose à subir, plus fortement que dans les années ordinaires, les altérations qui résultent de ces phénomènes communs à d'autres plantes et à d'autres époques.

En un mot, nous pensons que c'est la vigne elle-même qui est malade, et que les traitements qu'on applique à chacun des *phénomènes* précités, ne peuvent être que des palliatifs.

Pour combattre efficacement la maladie de la vigne considérée comme *intérieure*, comme *générale*, il faudrait donc en connaître *la cause*, et c'est à quoi nous ne sommes pas encore parvenus.

Des influences insaisissables, provenant de l'atmosphère,

L'abus de la taille,

L'abus des fumiers,

L'affaiblissement séculaire produit par le bouturage et le provignage, sans renouvellement de l'espèce par la semence,

Telles sont les principales causes d'ordre supérieur auxquelles on a songé d'attribuer l'altération si inquiétante de la *santé générale* de la vigne. Espérons que de nouveaux faits, de nouvelles observations nous aideront à découvrir la cause réelle de cette déplorable altération.

Ici, Messieurs, se termine la tâche de votre Commission ; sans doute on ne manquera pas de lui reprocher de n'avoir pas trouvé la cause du mal dont elle a fait l'objet de ses recherches. Ce reproche nous épouvante peu. Les hommes réfléchis comprendront aisément les difficultés de notre travail ; ils savent que le rôle du naturaliste consiste surtout à observer, à décrire, mais que lorsqu'il s'agit de remonter aux causes, son esprit est souvent impuissant. Il nous eût été facile, à nous aussi, de poser une conclusion définitive à l'appui de laquelle nous aurions groupé, sans doute, un certain nombre de raisons et de faits. Mais, à la production d'une théorie qui n'eût servi qu'à la satisfaction d'un vain amour-propre, nous avons préféré le simple et modeste exposé des résultats de nos recherches et de nos observations. Mus par le seul désir d'être utiles à nos concitoyens, notre unique but a été de jeter un peu de lumière sur une question toute pleine encore d'incertitude et d'obscurité.

———

La *Commission de la Vigne* ayant décidé que les opinions émises par la minorité sur *les causes* de la maladie de la vigne seraient insérées à la suite de ce rapport, nous ferons connaître d'abord celle de MM. Cuigneau, Desmartis fils et Lespinasse. Elle est ainsi conçue :

1.º La vigne n'est pas *primitivement*, *essentiellement* malade;

2.º La présence de l'*Oïdium Tuckeri* est le symptôme, le signe caractéristique de la *maladie* dite *de la vigne*;

3.º Les semences de l'Oïdium constamment répandues dans l'atmosphère ne se développent qu'à la condition de trouver un substratum convenable; si certaines parties extérieures de la vigne semblent favoriser ce développement actuel, cela tient à ce que la végétation normale de ces mêmes parties est ACCIDENTELLEMENT modifiée par un ensemble de circonstances étrangères (atmosphériques, météorologiques, électriques surtout) et *indépendantes de la plante elle-même;*

4.º Nous regardons comme tout-à-fait *inutiles* les moyens dits curatifs et qui ne s'adressent qu'aux fluides nutriciers de la vigne (Taille exagérée ou anticipée; absorption de substances nouvelles; fumure; solutions ammoniacales, acides, minérales, etc.).

Voici maintenant celle de M. Petit-Lafitte, professeur d'Agriculture :

La cause de la maladie de la vigne, ou mieux, de la maladie du raisin, tient à un ordre de faits complètement étrangers à l'action des hommes et même à celle des circonstances météorologiques et autres, que nous voyons trop souvent contrarier la vigne, dans ses développements annuels.

Vis-à-vis de cette cause, la vigne est dans un état absolument passif et sans prédisposition aucune; rien, de sa part, ne légitime le mal qui la frappe momentanément et ; ce mal passé, aucune trace ne pourra révéler son existence.

Ce mal doit être rangé dans la catégorie des maladies contagieuses ou épidémiques qui attaquent parfois les hommes ou les animaux.

Une preuve évidente de l'indépendance complète des causes qui ont amené l'*oïdium*, c'est que la vigne, dans le moment actuel, n'est pas la seule à souffrir, et que ce qui sévit contre la betterave, la tomate, le melon, la garance, etc., etc., est également une conséquence des mêmes causes. Or, on ne pourrait admettre, que toutes ces plantes se sont justement trouvées malades, au même moment et par des causes nécessairement et complètement différentes.

N. B. L'opinion de M. de La Vergne, n'ayant été formulée par son auteur qu'après la clôture des travaux de la Commission, n'a pu ni être présentée à cette Commission, ni par conséquent prendre place dans son *Compte-rendu.*

PIÈCES A L'APPUI.

I.

PROCÈS-VERBAUX DES SÉANCES DE LA COMMISSION

chargée d'étudier la MALADIE DE LA VIGNE.

SÉANCE DU 20 JUILLET 1852.

Présidence de M. LATERRADE père, *Directeur*.

La séance est ouverte à 7 heures du soir.

Sont présents : MM. Laterrade père, Directeur, Ch. Des Moulins, Président, et Cazenavette (1), Secrétaire-Général de la Société ; — MM. Cuigneau, Desmartis et Ch. Laterrade, membres de la Commission ;— M. Gaschet, propriétaire à Martillac, adjoint à la Commission.

M. Ch. Des Moulins rappelle à l'assemblée qu'il a désigné dans la séance générale du 14 de ce mois, une Commission chargée, sous la présidence de M. le Directeur, d'étudier tout ce qui peut avoir trait à la maladie de la vigne; cette Commission se compose de MM. Cuigneau, Desmartis, de Kercado, Ch. Laterrade et Lespinasse. Depuis la nomination de cette Commission, M. le Président a reçu de M. Gaschet, propriétaire à Martillac, des renseignements extrêmement intéressants sur une maladie qui sévit avec force sur le vignoble de cet honorable propriétaire; M. le Président a pensé qu'il serait utile d'adjoindre à la Commission un observateur aussi distingué et il a adressé, en conséquence, une invitation à laquelle M. Gaschet a bien voulu répondre aujourd'hui par sa présence.

En vertu de l'article 56 du règlement administratif de la Société, la Commission est appelée à nommer un secrétaire rapporteur. M. Ch. Laterrade est désigné pour remplir ces fonctions, à l'unanimité moins une voix.

M. Ch. Des Moulins pense qu'il est utile et convenable de continuer les rapports de la Société avec le Conseil d'hygiène pour tout ce qui a trait à la question de la maladie du raisin. M. Ch. Laterrade ne s'oppose point à ce que les documents qui sont ou seront en la possession de la Commission soient communiqués au Conseil d'hygiène, mais il croit que de son côté, le Conseil d'hygiène devrait aussi faire part de ses travaux à la Société Linnéenne.

La Commission décide que M. Ch. Des Moulins écrira en ce sens à M. le Préfet de la Gironde.

M. Léon Dufour écrit à la Société, en date du 15 Juillet, pour la remercier de l'impression de la lettre relative aux *Cryptophagus,* et pour lui offrir de nouveaux documents à ce sujet. La Commission accepte avec reconnaissance les offres de M. Léon Dufour.

(1) C'est par erreur qu'il a été dit en note, au bas de la page 3, que M. Cazenavette n'a fait qu'*assister* à la plupart des réunions de la Commission.

Dans toute Société, le Secrétaire-général est, *de droit,* comme le Président, membre de toutes les Commissions, et, par conséquent, j'en ai fait partie intégrante dès le premier jour, ainsi que M. Cazenavette, Secrétaire-général.

Le Président de la Société, CHARLES DES MOULINS.

M. l'abbé Blatairou envoie à la Commission un article extrait du *Moniteur* du 18 Juillet, et indiquant un traitement de la vigne malade au moyen d'un sulfhydrate de chaux liquide. Dépôt aux archives. Remerciments à M. l'abbé Blatairou.

M. Ch. Laterrade dépose sur le Bureau quatre flacons renfermant :

1.º Échantillons de l'*oïdium*, recueillis en 1851, par M. Decaisne, à Paris;

2.º Grappes de verjus atteints d'*oïdium*, recueillis à Mérignac, chez M. Antoune, le 16 Juillet, par M. Desmartis.

3.º Grappes de verjus atteints d'*oïdium*, recueillis à Podensac, chez M. Ant. Saint-Marc, le 19 Juillet.

4.º Grappes de verjus fortement atteints d'une maladie qui n'est pas l'*oïdium*, recueillis chez M. Gaschet, à Martillac, le 16 Juillet.

Le même membre dépose aussi sur le Bureau des branches et des feuilles de vignes provenant des mêmes localités et présentant des altérations sensibles.

Ces divers échantillons déjà examinés séparément par plusieurs membres de la Commission, forment le sujet d'une conférence de laquelle il résulte : 1.º que l'*oïdium* existe bien positivement sur les raisins provenant de Mérignac et de Podensac, comme il existait sur ceux d'Arlac, soumis, il y a une quinzaine de jours, à l'examen de la Société; 2.º que jusqu'à ce moment, aucun des membres n'a observé d'*acarus* sur les raisins malades; 3.º que les phénomènes morbides présentés par les vignes de M. Gaschet, ne présentent pas d'*oïdium*.

M. Desmartis fils, donne lecture des observations faites par lui sur les caractères et la marche de l'*oïdium*, dans la propriété de M. Antoune, à Mérignac. Le mal a sévi d'abord sur une treille formée à l'aide d'une variété hybride; il s'est étendu ensuite aux tiges environnantes et s'est avancé de pied en pied, pour ainsi dire, pas à pas. M. Desmartis a constaté sur les grains, et en assez grande quantité, de très-petites larves jaunâtres.

M. de Kercado, membre de la Commission, entre et prend séance.

M. de Kercado, après avoir comparé les échantillons déposés sur le bureau avec ceux qu'il a rapportés de Paris, constate leur parfaite identité.

M. Cuigneau a soumis au microscope l'épicarpe d'une baie de raisin atteinte d'*oïdium*, sans exercer sur cette portion d'épicarpe la moindre compression, et après l'avoir retirée du porte-objet, il a remarqué sur ce porte-objet une masse considérable de pores imperceptibles à l'œil nu.

M. Gaschet donne à la Commission quelques renseignements sur les faits observés par lui dans son domaine de Martillac. Sur la proposition de M. Cazenavette, une sous-commission de trois membres est chargée d'aller à Martillac étudier les caractères de cette nouvelle maladie. M. le Président désigne pour faire partie de cette sous-commission : MM. Cuigneau, Desmartis fils, et Ch. Laterrade.

M. le Président invite la Commission à fixer le jour de sa prochaine réunion; sur la proposition de M. Ch. Laterrade, il est décidé que la Commission ne sera pas convoquée à jour fixe, mais seulement lorsque de nouveaux faits rendront sa convocation nécessaire.

A 9 heures la séance est levée. — *Le Secrétaire :* Ch. LATERRADE.

Adopté en séance générale de la Commission, le 31 Juillet 1852.

Le Directeur de la Société, Président de la Commission, J. F. LATERRADE.

SÉANCE DU 31 JUILLET 1852.

Présidence de M. LATERRADE père.

Présents : MM. Laterrade père, Directeur ; Ch. Des Moulins, Président ; Cazenavette, Secrétaire-Général de la Société ; Cuigneau, Desmartis, de Kercado, Ch. Laterrade, membres de la Commission ; Gaschet, adjoint à la Commission ; De La Vergne, propriétaire à Macau ; Petit-Laffitte, Lafargue, Burguet et Dumoulin.

La séance est ouverte à 8 heures du soir.

Le Secrétaire donne lecture du procès-verbal de la séance du 20 Juillet dont la rédaction est adoptée.

Le même membre dépose sur le bureau des échantillons de verjus atteints de l'*oïdium* et recueillis :

1.º A Bordeaux, route de Toulouse, 164.
2.º à Bordeaux, rue Fondaudège, 185 ;
3.º à Bordeaux, rue Durand, chez M.me V.e Merlet ;
4.º à Podensac, chez M. Peringuey.

M. Ch. Des Moulins propose à la Commission d'adjoindre aux nombre de ses membres, MM. de La Vergne, propriétaire à Macau, présenté par M. Ch. Laterrade, et M. de Bonneval, propriétaire à La Tresne. Cette double proposition est mise aux voix et adoptée à l'unanimité.

Correspondance.

1.º Lettre de M. Ch. Levieux, secrétaire du Conseil central d'hygiène publique ; le Conseil d'hygiène fera part à la Commission des faits qui seraient de nature à l'intéresser.

2.º M. Péringuey, de Podensac, annonce que l'*oïdium* a envahi les communes de Podensac, Cérons, Barsac, Virelade, Arbanats, et qu'on a vainement tenté d'en combattre les effets, soit par une incision au cep, soit par le saupoudrage avec de la cendre fraîche, soit enfin, par des fumigations sulfureuses. M. Péringuey joint à sa lettre des échantillons oïdiés portant les étiquettes suivantes :

A. Terrain de grave. — Cépage dit *Semillon ;* 1.re période de la maladie
B. Terrain de grave forte. Cépage dit *Courbin - Gai* ou *Verdet ;* 2.me période de maladie.
C. Terrain de grave. — Cépage *Sauvignon ;* 3.me période de la maladie.
D. Terrain de grave forte. — Cépage *Chalosse ;* 4.me période de la maladie.

Quant à la nature des cépages, M. Péringuey fait observer que le premier atteint a été le cépage dit *Chalosse,* qui fut attaqué l'an dernier par l'*oïdium* au moment de la maturité ; le second atteint, fut le *Cruchinet ;* le troisième, le *Verdet ;* le quatrième, le *Sauvignon.*

Des remercîments sont votés à M. Péringuey pour son intéressante communication.

3.º M. Ch. Des Moulins a écrit à M. G. de Collegno, à Paris, et à M. Bertini, à Turin, pour leur demander des renseignements sur l'invasion et les progrès de l'*oïdium* dans la Sardaigne.

4.º M. le Secrétaire ayant lu dans le *Courrier de la Gironde* un article dans lequel M. L. Martineau annonçait avoir observé, à La Bastide, l'*acarus* de la vigne sur des raisins atteints de la maladie, a écrit à l'auteur de l'article pour lui demander des informations positives à ce sujet. M. Ch. Laterrade n'a encore reçu aucune réponse.

Rapports.

M. le docteur Cuigneau rend compte à l'assemblée des observations de la Commission qui s'est transportée à Martillac, le 22 Juillet. La sous-commission a constaté d'immenses ravages occasionnés par une maladie dont voici les principaux caractères : Les raisins présentent une tache brunâtre dont le diamètre s'accroît peu à peu; l'épicarpe se fend, la pulpe s'altère, le pepin se découvre et se tache à l'entour; aussitôt que l'affection a paru sur une grappe, toutes les autres grappes du même pied en sont atteintes; cependant il ne paraît pas y avoir contagion; rarement plusieurs pieds successifs sont attaqués; souvent un pied altéré se rencontre au milieu d'un grand nombre de pieds sains; tous ceux qui sont atteints présentent d'abord sur les feuilles des taches sèches brun-clair; bientôt ces feuilles se crispent, se déchirent et flétrissent. Les taches apparaissent sur la vigne sans aucune distinction de sol ou de sous-sol, d'âge, de cépage, d'exposition, de genre de culture, etc. Examiné au microscope, sous différentes coupes, cette altération n'offre qu'un amas de granulations amorphes sans ligne de démarcation tranchée avec le reste du tissu normal. La sous-commission pense donc que l'altération observée dans plusieurs vignobles de Martillac, doit avoir sa source dans la sève même du végétal; que cette altération n'est pas contagieuse et qu'elle ne présente aucun des caractères observés jusqu'ici dans l'apparition et le développement de l'*oïdium*; la sous-commission n'a trouvé sur les vignes attaquées ni d'*oïdium* ni d'*acarus*.

M. Gaschet lit un rapport sur les observations qu'il a été chargé de recueillir à Podensac; le mal est grand dans cette commune et dans celles qui l'avoisinent; c'est peut-être rester au-dessous de la vérité que d'évaluer à mille hectares l'étendue du terrain envahi; l'*oïdium* se fait également remarquer sur les natures de terrain les plus diverses; la fumure est parfaitement innocente du fléau, rien ne semble indiquer que le genre de culture puisse en être la cause; les cépages sont indistinctement frappés; néanmoins, voici, d'après un intelligent viticulteur de Podensac, quel serait quant aux cépages, l'ordre d'intrusion de la maladie : 1.º chalosse, 2.º blayais, 3.º courbin (blanc-verdet), 4.º prunelat, 5.º sémillon, sauvignon, etc. L'exposition ne paraît jouer ici aucun rôle; il en est de même de l'âge : des plants de deux ans sont atteints tout aussi bien que les ceps vieux ou d'un âge moyen. Déjà, en Août 1851, la maladie avait été observée à Podensac, et les pieds qui furent atteints à cette époque ont été cette année les premiers envahis. La marche de l'*oïdium* n'est point régulière, tantôt il gagne de proche en proche, tantôt il abandonne quelques pieds pour les ressaisir plus tard ; tantôt enfin, ses bonds sont très-espacés, mais il y a simultanéité et égalité dans l'invasion de la maladie sur toute la surface du même pied ; le raisin attaqué offre généralement deux phénomènes opposés : une pulpe atrophiée, un pepin hypertrophié ; les provins issus de la même souche sont uniformément atteints quand le pied-mère est lui-même attaqué. Où donc est le siège du mal ? Ne serait-il pas au centre même de l'organisme végétal ? La maladie qui nous occupe ne serait-elle pas organique ?

Préoccupé de cette idée, M Gaschet a fait arracher plusieurs pieds atteints d'*oïdium;* les racines de l'année, celles qui s'étaient nouvellement formées et qui devaient par conséquent être pleines de vie, étaient à moitié pourries et en partie couvertes de moisissure. Le sarment qui, étendu, avait formé le provin, était lui-même lésé et pourri en certains endroits. Les mêmes faits se reproduisaient sur le pied-mère. M. Gaschet conclut de ses observations, que le mal est organique et non extérieur, et que par conséquent, il faut pour le combattre, s'attaquer à la sève elle-même. Les palliatifs externes n'auraient aucun succès.

Une conférence s'engage à la suite de la lecture de ce rapport.

MM. Petit-Lafitte et Laterrade prétendent qu'on doit apporter la plus grande circonspection dans les conséquences à déduire de l'examen des racines ; ils rappellent la nature des fonctions que ces organes doivent remplir dans l'économie végétale ; ces fonctions sont passagères et il arrive un moment dans la vie de la plante où ses radicelles se dessèchent et meurent comme les feuilles, ces autres racines aériennes, pour céder la place aux bourgeons souterrains dont elles ont protégé la naissance et dont elles gèneraient le developpement.

M. de La Vergne ne croit pas qu'il y ait simultanéité et égalité des phénomènes morbides sur le même pied. Sur une treille qu'il a observée, un seul raisin a été jusqu'ici attaqué.

M. Desmartis a observé, à Saint-Loubès, des vignes attaquées comme celles de Martillac; cette affection a surtout envahi le cépage connu sous le nom de *Merlot.*

Sur la proposition de M. Ch. Dès Moulins, et pour répondre aux vœu manifesté par de nombreux intéressés, il est décidé que la Commission publiera dans les journaux quotidiens un résumé sommaire de chacune de ses séances, en attendant l'impression du compte-rendu général de ses travaux.

A dix heures et demie la séance et levée.

Le Secrétaire rapporteur : CH. LATERRADE.

Vu et adopté en séance de la Commission, le 11 Août 1852.

Le Directeur de la Société, Président de la Commission,

J.-F. LATERRADE.

SÉANCE DU 11 AOUT 1852.

Présidence de M. LATERRADE, père.

La Séance est ouverte à midi et un quart.— Sont présents : MM. de Bonneval, Bouchereau, Cuigneau, Desmartis, Ch. Des Moulins, Gaschet, de Kercado, Laterrade père, Ch. Laterrade, de La Vergne. Le procès-verbal de la séance du 31 Juillet est lu et adopté.

M. le Secrétaire dépose sur le bureau :

1.º Échantillons de raisins oïdiés, recueillis à Mérignac, sur la propriété de M. Brian, 4 Août 1852.

2.º   d.º   d.º   recueillis à Pauillac, chez M. D'Armailhac, 5 Août 1852.

3.º   d.º   d.º   recueillis à Ambarès, chez M. de Lamothe, 5 Août 1852.

4.º   d.º   d.º   recueillis à Bordeaux, rue Saint-Charles (quartier Ste-Croix), le 10 Août 1852.

5.º Échantillons de raisins (*chasselas* et *merlot*), provenant de Gradignan et présentant l'*oïdium* (grave siliceuse et légèrement argileuse), 11 Août 1852.

6.º Échantillons de raisins muscat, présentant la maladie noire, recueillis à Floirac, chez M. Laliman, 5 Août 1852.

7.º Échantillons de raisins, présentant la maladie noire des graines seulement (cépage l'*aramon*), 5 Août 1852, domaine de Lamothe, à Ambarès ; terrain sablonneux. Les flages, les feuilles et les ceps paraissent être encore parfaitement sains. Cette maladie se montre souvent sur les muscats de la même propriété.

8.º Échantillons de raisins, présentant les mêmes caractères (cépage appelé *merlot*), sur la même propriété, mais à une distance fort éloignée de l'*aramon* (vignes pleines, plantées en rang).

M. Bouchereau dépose sur le bureau un échantillon très-fortement attaqué d'*oïdium*, provenant de chez M. Faucon, jardinier à Bordeaux, chemin de Pessac. La feuille et le bois sont aussi très-fortement atteints. L'invasion a commencé par le cépage la *Madeleine*.

M. le D.ʳ Cuigneau donne lecture d'une lettre qui lui est adressée par M. Desmirail, propriétaire à Margaux. M. Desmirail donne sur la maladie d'intéressants détails et envoie à la Commission huit échantillons plus ou moins gravement atteints, étiquetés comme il suit :

1.º *Carmenet sauvignon*, 8 ans. Margaux ; terre argilo-siliceuse. Bas-fond, vigne basse.

2.º *Merlot*, 25 ans. Périssan ; terre noire, argileuse, forte, bas-fond ; vigne haute.

3.º *Muscat*, 8 ans. Soussans ; terre noire, argileuse, forte, bas-fond ; treille.

4.º *Carmenet*, 25 ans. Soussans ; terre noire, argileuse, forte, bas-fond ; vigne haute.

5.º *Cemacare*, 10 ans. Margaux. Terre bâtarde, pierrée, argileuse, forte, bas-fond ; vigne haute.

6.º *Verdot* (queue longue), 25 ans. Soussans. Terre noire, argileuse, terrain fort, bas-fond ; vigne haute.

7.º *Carmenet sauvignon*, 10 ans. Margaux. Terre bâtarde, pierrée, argileuse, bas-fond ; vigne haute.

8.º *Malbec*, 8 ans. Margaux. Terre sablonneuse dessus, argileuse dessous, bas-fond ; vigne basse.

M. Ch. Des Moulins dépose sur le bureau des chasselas oïdiés, recueillis sur les treilles de son jardin à Lanquais (Dordogne), le 1.er Août 1852.

Correspondance.

1.º M. de Kercado devant se rendre très-prochainement aux Pyrénées, demande et obtient un congé.

2.º M. Moquin-Tandon, de Toulouse, donne à la Commission quelques renseignements sur les ravages de l'*oïdium* dans cette ville et dans ses environs.

3.º M. Soulé, vice-Président du Conseil d'hygiène, donnera communication à la Commission des travaux de ce Conseil, en ce qui concerne la maladie de la vigne.

4.º M. Bouchereau signale la présence de la maladie à Carbonnieux et à Léognan.

5.º M. Rodrigue Doria, chargé d'affaires de Sardaigne, a demandé pour la Commission, au gouvernement Sarde, des documents sur la maladie dans le Piémont.

6.º M. le Général de Collegno écrit de Wiesbaden, que l'incision au cep paraît avoir été pratiquée avec succès en Italie, mais qu'il ne pense pas qu'un tel procédé soit sans inconvénient pour la qualité du vin

7.º M. Ad. D'Armailhac, de Pauillac, en constatant l'existence de l'*oïdium*, dans cette partie du Médoc, remarque que l'affection s'est principalement développée d'abord dans les fonds bas et humides.

8.º M. B. Coudert rend compte d'expériences faites par lui pour la destruction de l'*oïdium* ; c'est avec succès qu'il a traité le cep par la potasse, et le grain par l'acide nitrique.

9.º M. de Lamothe, d'Ambarès, envoie à la Commission des raisins attaqués de la maladie noire déjà signalée dans plusieurs localités.

Causes de la maladie.

M. le D.r Guigneau, revenant sur quelques-unes des propositions énoncées par M. Gaschet, dans la dernière séance, ne partage pas l'opinion de l'honorable membre sur les causes de la maladie ; il pense que l'exubérance de la sève pourrait bien n'être pas étrangère au mal, en ce sens qu'elle contribuerait à produire les circonstances nécessaires au développement de l'*oïdium*.

M. Bouchereau oppose aux idées de M. Guigneau plusieurs faits et celui-ci entre autres. Le 16 Mai 1852, une pièce de vigne fut grêlée ; le lendemain 17, on procéda à la taille de cette vigne ; une seule manne avait été préservée de la grêle, on la respecta ; cependant l'*oïdium* l'a envahie ; l'appauvrissement de la sève ne serait donc pas un moyen à employer pour empêcher la maladie.

Une conférence s'engage sur les causes générales de la maladie des vignes et sur les effets qu'elle pourra produire sur le cep lui-même.

M. Bouchereau ayant interrogé M. Louis Leclerc sur cette dernière question, il lui a été répondu par cet agronome distingué, que la vigne attaquée par l'*oïdium* n'était point frappée de mort, comme plusieurs le craignent, puisque des pieds fortement oïdiés l'an dernier, ont donné cette année de vigoureux rejetons. Du reste, ajoute M. Bouchereau, il serait facile d'avoir à cet égard des renseignements positifs si, comme l'affirment quelques personnes, l'*oïdium* a frappé en 1840, des vignobles appartenant au canton de Sauveterre.

M. Ch. Des Moulins fait remarquer que la maladie, quoique organique pourrait n'attaquer exclusivement que les parties annuelles de la plante.

M. Ch. Laterrade pense qu'on a trop souvent attribué à l'atmosphère la cause des maladies observées sur les êtres organisés; toutefois, en présence des altérations si nombreuses et si variées que présentent depuis quelques temps surtout un aussi grand nombre de plantes, la Commission devra peut-être diriger ses investigations vers le domaine de la météorologie; il sera peut-être utile de rechercher si durant les 10 ou 15 années qui viennent de s'écouler, la somme d'humidité, la quantité d'eau tombée en Europe n'a pas subi un accroissement notable, comparativement aux périodes antérieures; si le déboisement des montagnes, par exemple, n'a pas eu pour conséquence directe une plus grande abondance de pluie, et pour résultat indirect, la production des phénomènes morbides qui apparaissent de tous côtés sur les vignes, sur les tubercules et les arbres à fruits.

M. Ch. Des Moulins ne croit pas que la moyenne d'eau tombée à la surface de la terre ait éprouvé de changements sensibles, de manière à changer les conditions climatériques de notre pays.

Caractères de la maladie.

M. Desmartis fils, communique à la Commission, la suite des observations auxquelles il s'est livré sur les raisins oïdiés de la propriété de M. Antoune, à Mérignac. Depuis ces premières observations, qui remontent à 20 jours environ, le mal a beaucoup augmenté. M. Desmartis croit qu'on pourrait établir trois degrés bien distincts dans les progrès de la maladie : 1.er degré : taches violacées et *oïdium* sur les feuilles et sur le grain ; 2.me degré : distension de l'épicarpe et sorte de flétrissure ; en outre, taches noirâtres ou plutôt croûtes fuligineuses sur les feuilles et sur le fruit; 3.me degré : éclat de l'épicarpe, sortie du pepin, perte du parenchyme.

Le même membre entretient la Commission d'une variation de la maladie qu'il a observée le 8 Août, chez M. Guérin, route de Toulouse, 273, et le 10, à Saint-Loubès. Dans ces deux propriétés, les vignes présentent des caractères morbides qui semblent tenir à la fois des deux maladies observées jusqu'à présent par la Commission. Enfin, M. Desmartis dépose sur le bureau des échantillons de tomate attaqués aussi d'une maladie qui menace d'annihiler la récolte de ce fruit, pour cette année.

Moyens curatifs

M. de Kercado parle d'expériences faites avec succès, à Latour, à l'aide de la chaux éteinte.

M. Bouchereau dépose sur le bureau une note de M. Vézu, pharmacien, à Lyon, et membre de la Société d'Agriculture de cette ville. M. Vézu conseille l'emploi du sulfate de protoxide de fer dans les proportions de 250 grammes de sulfate pour 15 à 20 litres d'eau. — Arrosages réitérés.

M. Ch. Laterrade rend compte des expériences faites dans plusieurs serres, à Paris et à Versailles, sur l'indication de M. Bergmann. Les tuyaux qui traversent les serres ayant été légèrement humectés, on les a saupoudrés avec de la fleur de soufre; on a ensuite chauffé le thermosiphon, il y a eu production et dégagement d'acide sulfureux. L'*oïdium* a disparu et les raisins sains en ont été préservés.

Maladie noire.

M. Bouchereau, interrogé sur la maladie noire du raisin, déclare que cette maladie a existé de tout temps et qu'elle a surtout sévi dans les années où de fortes chaleurs avaient été suivies par un refroidissement subit de la température. Les vignes du Midi y sont surtout sujettes ; le merlot, le cavernet, le sauvignon, le muscat, le malaga, et les cépages qui tirent leur origine du Midi, en sont plus souvent attaquées que les autres. Les cépages du Sud de l'Espagne et de la Turquie, implantés en France, présentent cette affection tous les ans.

Publicité.

M. de La Vergne expose à la Commission qu'il a l'intention de publier dans les journaux une série d'articles sur la maladie de la vigne, articles dans lesquels il traitera la matière à son point de vue personnel, uniquement comme agriculteur et sous telle forme littéraire qu'il lui conviendrait d'employer ; il demande à la Commission si elle ne voit pas d'inconvénients à l'exécution de son projet de publication.

Après une assez longue discussion nécessitée par la nature d'une proposition qui s'écarte des usages constamment suivis dans les Commissions scientifiques, dont le but et l'utilité consistent à unir et à confondre les travaux personnels de chacun dans le travail de tous, la Commission décide qu'elle ne s'opposera pas à la réalisation des desirs de M. de La Vergne, mais que l'extrait du procès-verbal de la séance, communiqué aux journaux de la ville, contiendra l'énoncé de la condition sous laquelle, seulement, il est permis à la Commission d'accorder son consentement.

Cette condition consiste à déclarer que la publication quelle qu'elle soit, de M. de La Vergne, demeure totalement étrangère à la Commission et à ses travaux, et que la Commission n'entend donner aucune sorte d'approbation ou d'improbation à la manière dont pourra être traitée une question qu'elle n'a pas eu le temps d'étudier assez profondément, pour faire connaître son opinion.

A trois heures et demie la séance est levée.

Le Secrétaire rapporteur : Ch. Laterrade.

Adopté en séance, le 31 Août 1852.

Le Directeur de la Société, Président de la Commission :

J.-F. Laterrade.

SÉANCE DU 31 AOUT 1852.

Présidence de M. LATERRADE, père.

La séance est ouverte à 2 heures et demie. — Sont présents : MM. Laterrade père, Ch. Des Moulins, Cuigneau, Desmartis fils, Gaschet, Ch. Laterrade, de La Vergne, Lespinasse.

M. le secrétaire donne lecture du procès-verbal de la séance du 11 du courant dont la rédaction est adoptée.

M. le secrétaire dépose sur le bureau, des échantillons de raisins malades, provenant de diverses localités, de Sauveterre, entre autres.

Correspondance.

1.º M. Porcher, président de la Société d'horticulture d'Orléans, écrit à la Commission pour lui donner quelques renseignements sur la maladie de la vigne et le développement du cryptogame dévastateur.

2.º M. Jullien Crosnier, d'Orléans, écrit le 11 Août, qu'à cette époque, *l'acarus* commence à paraître sur les vignes malades.

3.º M. Oct. La Montagne, de Castelmoron d'Albret, vient de parcourir le Fronsadais et Saint-Émilion sans y avoir découvert *d'oïdium*. M. La Montagne rappelle que les Parlements défendaient autrefois de cultiver la vigne sur les plaines où le blé pouvait venir.

4.º M. G. Brunet pense que les travaux faits à différentes époques sur la carie du blé, pourraient peut-être présenter quelque intérêt à la Commission, à cause de l'analogie qu'il croit exister entre la maladie des céréales et celle dont on s'occupe.

5.º M. Bertini, de Turin, se rendant au congrès de Toulouse, remettra dans cette ville, au président de la Société Linnéenne, les documents qu'il lui a promis.

6.º M. Rodrigues Doria, envoie à la Commission deux brochures publiées à Turin, sur la maladie du raisin; l'une est un rapport présenté à l'Académie royale d'agriculture de Turin, par M. le D.ᵣ Bertini, le 10 Septembre 1851; l'autre est une instruction populaire, rédigée par le même membre, sur le même sujet et approuvée par l'Académie de Turin. Ces brochures, écrites en Italien, sont remises à MM. Cuigneau et Ch. Laterrade, qui sont chargés de faire un rapport sur ce qu'elles pourraient contenir de plus important.

7.º M. de La Vergne adresse à la Commission la série des propositions qu'il a l'intention de développer dans les feuilles quotidiennes de Bordeaux.

8.º M. Léon Dufour, de Saint-Séver, écrit une lettre qui renferme les passages suivants : « L'*Oïdium* demeure toujours à mes yeux, » l'effet d'un état pathologique de la grappe et cet état est amené » par un trouble dans la vitalité de la tige et sans doute aussi de » la racine, c'est-à-dire, de l'ensemble de l'organisme végétal. Les » causes réelles sont donc, ou dans les conditions météorologiques » ou dans le sol. Le premier symptôme du mal m'a semblé un état » d'induration du grain ; il y a donc là, embarras dans la circulation » de la sève dans le grain ; légère altération aussi dans son enveloppe » extérieure. L'espèce de saupoudrure blanche de ces grains n'est » que le *mycelium* d'une mucédinée. La loupe y aperçoit pourtant » quelque trace de capitule, mais j'ai peine à croire que l'espèce » appartienne au *Tuckeri ; adhuc sub judice lis est*. Quant à la » diffusion des seminules comme produisant la maladie, je ne saurais » y croire ».

9.º M. Delon, de Lesparre, signale l'existence de l'*oïdium* dans cette localité.

10.º M. Denisse signale aussi ses ravages dans le canton de Sauveterre.

11.º M. de Bryas, d'Eysines, adresse à la Commission, des raisins dont les pédicelles attaqués, desséchés à leur point de jonction avec le grain, produisent sur celui-ci une induration qui a quelque analogie avec celle que présentent les raisins oïdiés. M. de Bryas joint à cet envoi des feuilles d'arbres forestiers et de divers arbustes qui offrent aussi des altérations sensibles.

12.º M. Corne, de Libos (Lot-et-Garonne), envoie à la Commission deux vers trouvés sur un cep de vigne.

13.º M. le D.ʳ de Lamothe annonce que la maladie noire a attaqué dans sa propriété presque tous les cépages originaires du Midi ; le *merleau*, surtout, présente les altérations les plus graves ; les ravages de l'*oïdium* sont à peu près nuls.

Communications verbales.

MOYENS CURATIFS.

M. de La Vergne a essayé de traiter les vignes atteintes d'*oïdium*, par des moyens qui ont été préconisés jusqu'à présent, le sulfhydrate de chaux, le lait de chaux, la sciure de bois, etc. Ces moyens n'ont eu pour résultat qu'une disparition plus ou moins complète des phénomènes morbides qui n'ont pas tardé à reparaître ; il n'en a pas été de même avec le gaz acide sulfureux déjà employé avec succès dans les serres de Paris et de Versailles. Sous l'influence de ce gaz, l'*oïdium* paraît devoir disparaître complètement, si du moins les vignes que l'on traite n'ont pas atteint le dernier période de la maladie. M. de La Vergne a imaginé de recouvrir les pieds malades d'une sorte de couverture ou plutôt de chemise, au-dessous de laquelle, par un un procédé très-simple, l'opérateur fait dégager une certaine quantité d'acide sulfureux. Deux ou trois minutes après, la couverture est enlevée et l'effet de l'acide sulfureux est produit. M. de La Vergne assure que son procédé est, à très-peu de frais, applicable à la grande culture.

Sur la proposition de M. Cuigneau, une sous-commission, composée de MM. Cuigneau et Ch. Laterrade, est chargée de suivre les expériences de M. de La Vergne et d'en faire un rapport à la Commission. M. Petit-Lafitte est adjoint à la sous-commission.

M. Gaschet se proposait de faire quelques expériences sur les racines des vignes oïdiées, mais la grande quantité d'eau tombée depuis un mois, l'a contraint d'ajourner ses expérimentations.

Rapports écrits et Mémoires.

M. Desmartis fils, lit des notes dans lesquelles il s'efforce de démontrer la nécessité de s'occuper de la composition de l'air et des phénomènes météorologiques, pour se rendre raison des maladies des végétaux. Il rappelle que le déboisement a une grande influence, non-seulement sur les courants des vents, les orages, les manifestations du calorique et de l'électricité, mais encore sur la composition intime de l'air. En effet, moins il y a d'arbres ou de plantes, moins il y a d'absorption d'acide carbonique et d'azote, moins aussi de dégagement d'oxigène utilement et physiologiquement élaboré. C'est là, peut-être, ce qui explique pourquoi M. Arago, après avoir analysé l'eau de la pluie tombée récemment à Paris, a affirmé que l'air atmosphérique contenait une quantité notable d'acide azotique.

M. Desmartis cite des faits venant à l'encontre de l'opinion émise par M. Gaschet, dans une des séances précédentes, sur la simultanéité des phénomènes morbides que présentent les vignes oïdiées.

Le même membre termine ses observations par l'indication de quatre maladies qui, d'après lui, causeraient cette année les ravages dont se plaignent les viticulteurs.

Effets de l'oïdium sur le vin.

Quelques personnes se sont demandé si la qualité des vins de cette année ne se ressentirait pas de la maladie du raisin. M. Ch. Des Moulins invite la Commission à déclarer publiquement que les acheteurs et les consommateurs n'ont rien à craindre à cet égard, puisque les raisins attaqués par l'oïdium, le sont beaucoup trop gravement pour être convertis en vin. La Commission, consultée, partage l'avis de M. Ch. Des Moulins et adopte sa proposition.

A 5 heures la séance est levée.

Le Secrétaire rapporteur : CH. LATERRADE.

Adopté en séance, le 28 Septembre 1852.

Le Directeur de la Société, Président de la Commission :

J.-F. LATERRADE.

SÉANCE DU 28 SEPTEMBRE 1852.

Présidence de M. LATERRADE, père.

La Séance est ouverte à 3 heures. — Sont présents : MM. Laterrade, père, Cuigneau, Desmartis fils, Gaschet, de La Vergne, Ch. Laterrade, Cazenavette.
Le procès-verbal de la séance du 31 Août est adopté.

Correspondance.

M. Th. Régère, médecin-vétérinaire, envoie à la Commission une note sur la maladie de la vigne. M. Régère attribue la maladie à la surabondance de l'élément aqueux dans la vie végétative ; il conseille le dessèchement du sol, à l'aide de fossés couverts, pratiqués de dix en dix mètres, et dont les sarments fourniraient les matériaux.

Moyens curatifs.

M. le D.r Cuigneau présente, au nom de la sous-commission désignée dans la séance précédente, un rapport sur le moyen curatif, proposé par l'un des membres de la sous-commission, M. de La Vergne. La sous-commission a opéré, le 6 Septembre, sur des pieds couverts d'*oïdium* et présentant tous les symptômes de la maladie arrivée à son développement le plus complet ; la toile cirée mise à la disposition des commissaires n'ayant pas assez d'étendue, l'un des pieds qui servirent à l'expérience ne put être recouvert entièrement, et une partie de ce pied dût échapper à l'action du gaz acide sulfureux. La sous-commission a, depuis, examiné les ceps qu'elle avait traités, dans deux visites successives qui ont eu lieu le 13 et le 17 Septembre courant. Elle n'hésite pas à déclarer que les effets de l'acide sulfureux lui ont paru extrêmement satisfaisants. Elle a pu constater, en effet, que l'*oïdium* avait été détruit sur les sujets traités par elle ; le raisin avait repris sa couleur ordinaire et même, dès le 17 Septembre, son éclat métallique. Les plaies qu'elle avait remarquées sur la plupart des graines, étaient en partie cicatrisées, et tout semblait annoncer une maturité prochaine. Mais l'acide sulfureux n'ayant pas été produit avec assez de rapidité, les feuilles avaient péri, sans cependant, que les jeunes bourgeons aient souffert. Quant au cep, dont une ramification avait échappé à l'expérience, l'*oïdium* avait continué à exercer ses ravages seulement sur cette ramification, et le même pied présentait partout ailleurs des raisins parfaitement sains. En conséquence, la sous-commission propose :

1º De voter des remerciments à M. de La Vergne pour son importante communication.

2.º D'engager M. de La Vergne à continuer ses expériences, et à essayer son procédé comme moyen de destruction des spores de l'*oïdium* et prophylactique de la maladie.

3.º De faire connaître aux viticulteurs le procédé employé par M. de La Vergne, et de les engager à l'essayer en grand, si malheureusement les ravages de l'*oïdium* leur en fournissent l'occasion.

Les conclusions de M. le rapporteur, successivememt discutées et mises aux voix, sont adoptées à l'unanimité.

Les journaux ont déjà fait connaître au public le moyen employé par M. de La Vergne. — Voici à quoi se réduit ce procédé : Un manteau de toile cirée assez grand pour envelopper tout un pied de vigne, est jeté sur le cep de vigne malade, de manière à le couvrir tout entier; ce manteau est fendu à ses deux extrémités pour les vignes basses et pour les vignes hautes, il a la forme d'un parapluie fendu longitudinalement sur un de ses côtés. En moins d'une minute, deux travailleurs peuvent ainsi encapuchonner un cep. Alors on suspend à la partie inférieure du pied, aussi bas que possible, un petit godet contenant de la fleur de soufre et un morceau de mèche soufrée auquel on met le feu. Le gaz acide sulfureux se développe instantanément en très-grande abondance et se répand dans tout l'appareil. Deux minutes suffisent pour que l'action du remède soit produite. On enlève l'appareil et on le transporte à un autre pied également infesté.

Emploi des raisins oïdiés.

M. Gaschet regrette que la Commission se soit prononcée d'une manière peut-être trop absolue, dans la dernière séance, en ce qui concerne l'emploi des raisins oïdiés, dans la vendange. Ce membre pense que les raisins tardivement envahis par le cryptogame peuvent être et seront indubitablement employés dans la fabrication du vin.

M. Ch. Laterrade, à l'appui de l'opinion qui vient d'être émise, cite les cantons de la Suisse, où l'an dernier on a fait du vin, dans lequel entraient quelquefois, en assez grande quantité, des raisins oïdiés.

Marche de la maladie.

Il résulte des renseignements fournis par plusieurs membres, que les progrès de l'*oïdium* sur le bois et la feuille, deviennent chaque jour plus menaçants.

M. Gaschet signale certains cépages que l'*oïdium* semblerait envahir plus facilement que d'autres espèces; de ce nombre seraient le muscadet, le sémillon, le blanc verdet, etc., tandis que l'enrajat, au contraire, se montrerait plus rétif à l'invasion de la maladie.

A 5 heures la séance est levée.

Le Secrétaire rapporteur : CH. LATERRADE.

Adopté en séance, le 18 Novembre 1852.

Le Directeur de la Société, Président de la Commission :

J.-F. LATERRADE.

SÉANCE DU 18 NOVEMBRE 1852.

Présidence de M. LATERRADE, père.

La séance est ouverte à 5 heures.

Membres présents : MM. Laterrade père, Ch. Des Moulins, de Bonneval, de Kercado, Ch. Laterrade, Petit-Lafitte.

Le procès-verbal de la séance du 28 Septembre est lu et adopté.

Correspondance.

M. Edm. Boissier écrit de Genève, en date du 26 Septembre, que l'*oïdium* a envahi les vignobles situés entre Lausanne et Vevey ; en Piémont, dans le comté de Nice, la destruction est pour ainsi dire complète, et rien de plus rare que de voir dans ces contrées une grappe de raisin bien conservée.

M. le D.ʳ Bertini, fait remettre à la Commission, par l'intermédiaire de M. Ch. Des Moulins, la traduction de deux notes extraites d'actes notariaux existant dans la bibliothèque de Genève. Ces actes remontant à 1743, font mention d'une maladie de la vigne qui paraîtrait avoir quelque rapport avec celle dont on s'occupe aujourd'hui.

Communications verbales.

M. Ch. Des Moulins dépose sur le bureau une feuille de campanule qu'il croit appartenir au *Campanula trachelium* ; la surface inférieure de cette feuille, présente en assez grand nombre, des sarcoptes d'un rouge très-vif et qui semblent appartenir à l'espèce observée l'an dernier, à Orléans, sur les vignes malades.

MM. les membres de la Commission examinent, à la loupe et au microscope, ce petit sarcopte, dont la forme est elliptique et qui présente une tache noire à sa partie supérieure et médiane.

M. Ch. Des Moulins rend compte à la Commission, des observations de M. Troccon, de Lyon, sur la maladie de la vigne. L'auteur attribue tout le mal à un *acarus* dont les caractères seraient ceux du *telarius*.

M. de Bonneval dépose sur le bureau quelques branches de vignes provenant d'une propriété située à Soussans. L'épiderme de ces branches est d'un noir foncé, et le propriétaire a observé que cette couleur noire se présentait aussi sur beaucoup de sujets à la partie interne de l'écorce.

Publications.

M. le Président de la Société Linnéenne annonce à la Commission que la Société est disposée à voter la somme qui sera nécessaire à la publication de ses travaux.

4

Nature de la maladie.

M. Ch. Des Moulins, résumant les faits observés et les documents recueillis par la Commission, croit pouvoir en conclure que, s'il est vrai que la vigne a été cette année cruellement et généralement atteinte, il est incontestable aussi, qu'elle a présenté dans sa maladie, des phénomènes divers suivant les diverses localités, tantôt offrant à l'observateur des *acarus* sans l'*oïdium*, tantôt l'*oïdium* sans *acarus*, tantôt enfin, se couvrant d'une sorte de lèpre noire et n'offrant alors ni *acarus* ni *oïdium*. Pour M. Ch. Des Moulins, la conséquence à tirer de ce double fait, est celle-ci : C'est qu'il y a dans les pieds attaqués une prédisposition maladive, se manifestant par des symptômes divers.

M. Petit-Lafitte ne croit pas une prédisposition organique du végétal; il croirait plutôt à l'influence de certains courants atmosphériques. Ce sont les vignes les plus belles, et placées dans les meilleures conditions, qui ont été le plus gravement atteintes. Ainsi, à Macau, où la vigne ne peut plus venir qu'à force de fumure et de soins de tout genre, c'est à peine si l'*oïdium* a paru, tandis qu'au centre du Médoc, à Cissac, où la vigne prospère si bien, le mal a été très-grand.

M. de Bonneval pense comme M. Des Moulins, qu'il y a dans la vigne une prédisposition à la maladie, un affaiblissement de la force vitale. La cause du mal nous échappe jusqu'à présent, mais cette cause ne produit d'effet que sur des individus prédisposés au développement des phénomènes morbides qui ont été observés.

A 4 heures ³/₄ la séance est levée.

Le Secrétaire rapporteur : CH. LATERRADE.

Adopté en séance, le 2 Décembre 1852.

Le Directeur de la Société, Président de la Commission :

J.-F. LATERRADE.

SÉANCE DU 8 DÉCEMBRE 1852.

Présidence de M. LATERRADE, père.

Membres présents : MM. Laterrade père, Ch. Des Moulins, Gaschet, Desmartis, de Kercado, Cazenavette, de Bonneval, Petit-Lafitte, Cuigneau, fesant les fonctions de secrétaire, en remplacement de M. Ch. Laterrade.

Le procès-verbal de la séance du 18 Novembre est lu et adopté.

Correspondance.

MM. Ch. Laterrade et Bouchereau s'excusent de ne pouvoir assister à la séance.

Rapports.

M. Cuigneau lit un rapport très-étendu sur deux Mémoires italiens transmis à la Commission, par M. Ch. Des Moulins.

Ces deux Mémoires ont pour titre :

1.° *Rapports sur la maladie des raisins;*
2.° *Instruction populaire sur la maladie de la vigne.*

Ces deux Mémoires sont du même auteur, M. le D.ʳ Bertola, membre de l'Académie royale d'Agriculture du Piémont.

Après avoir analysé très-soigneusement ces deux Mémoires, le rapporteur fait remarquer, avec juste raison, que l'on n'aurait qu'à substituer aux noms des localités italiennes, celles du département de la Gironde, pour avoir un tableau exact de la maladie parmi nous.

Le rapporteur conclut à ce que, quand la Commission aura complété et publié ses travaux, son président écrive au nom de la Commission, à M. le D.ʳ Bertola, pour lui faire part de l'intérêt que la Commission a pris à ses travaux, et le prie de vouloir bien tenir la Commission au courant, soit de ses travaux personnels, soit de ceux de la savante compagnie de laquelle il fait partie.

Ces conclusions sont adoptées à l'unanimité.

M. Ch. Des Moulins propose de voter l'impression du rapport de M. le D.ʳ Cuigneau, ainsi que celle de la traduction complète que ce membre a faite de l'*Instruction populaire* du D.ʳ Bertola.

Cette proposition est réservée et le Mémoire de M. Cuigneau doit prendre sa place dans les travaux de la Commission.

La Commission ayant été appelée à délibérer sur ses conclusions, quant à la cause de la maladie de la vigne, plusieurs opinions se sont produites et ont été formulées par écrit par divers membres, ainsi que M. Ch. Des Moulins avait proposé de le faire dans la dernière séance.

Celle de M. Ch. Des Moulins, est ainsi conçue :

« La vigne a été malade, avec plus ou moins d'intensité, dans un très-grand nombre de localités; les caractères de cet état morbide n'ont pas été uniformes.

» Ici, l'*oïdium* seul. Là, l'*oïdium* avec *acarus* rouge, ou avec *induration brune* ou avec larves d'*insectes*. Ici, la *maladie noire* seule. Là, la *maladie noire* avec *induration brune*, ou avec *oïdium* consécutif. Ici, l'*acarus jaune* (*Telarius* L.) sans *oïdium*, ou avec *oïdium* consécutif (Guérin Menneville, cité par M. Troccon), ou larves d'*insectes*. Là, l'*induration brune*, toute seule. Ici, le *noircissement* de l'écorce, sans ulcère du bois, sans *maladie noire* sur le raisin, sans *oïdium*, sans *acarus*. Là, les raisins malades d'une façon ou de l'autre, sans que le bois ou les feuilles fussent attaqués.

« Si l'on considérait chacune de ces combinaisons, ou même seulement chacun de leurs groupes bien tranchés, comme une maladie produite par une cause différente, il serait absurde de penser qu'un si grand nombre de maladies distinctes se fussent donné rendez-vous, sur la vigne en général, à la même époque, dans des localités diverses et avec des combinaisons aussi diverses que ces localités.

» Je pense donc que ces divers phénomènes sont purement symptômatiques, purement consécutifs à une prédisposition morbide de la vigne en général ; en d'autres termes, que la vigne est dans un état quelconque de souffrance qui la prédispose à subir, plus fortement que dans les années ordinaires, les altérations qui résultent de ces phénomènes communs à d'autres plantes et à d'autres époques.

» En un mot, je crois que c'est la vigne elle-même qui est malade, et que les traitements qu'on applique à chacun des *phénomènes* précités, ne peuvent être que des palliatifs.

» Pour combattre efficacement la maladie de la vigne, considérée comme intérieure, comme *générale*, il faudrait donc en connaître *la cause*, et c'est à quoi nous ne sommes pas encore parvenus.

» Des influences insaisissables, provenant de l'atmosphère, l'abus de la taille, l'abus des fumiers, l'affaiblissement séculaire produit par le bouturage et le provignage sans renouvellement de l'espèce par la semence.

» Telles sont les principales causes d'ordre supérieur auxquelles on a songé d'attribuer l'altération si inquiétante de la *santé* générale de la vigne. Espérons que de nouveaux faits, de nouvelles observations nous aideront à découvrir la cause réelle de cette déplorable altération ».

A cette opinion, adhèrent MM. Laterrade père, Cazenavette, Ch. Laterrade, de Kercado, de Bonneval, Gaschet, et, dans la séance suivante, M. Bouchereau.

Vu l'heure avancée, on renvoie à la prochaine séance une communication de M. Th. Desmartis.

La prochaine séance est fixée au Jeudi, 9 Décembre, à 5 h. ½.

La séance est levée à 4 heures ¾.

Pour le Secrétaire rapporteur : Cuigneau.

Adopté en séance, le 9 Décembre 1852.

Le Directeur de la Société, Président de la Commission :
J.-F Laterrade.

SÉANCE DU 9 DÉCEMBRE 1852.

Présidence de M. LATERRADE père.

Sont présents : MM. Laterrade père, Ch. Des Moulins, Cazena-vette, Gaschet, Petit-Lafitte, Desmartis fils, de Bonneval, Bouche-reau, de Kercado, Cuigneau, Ch. Laterrade.

La séance est ouverte à 3 heures.

M. le Secrétaire lit le procès-verbal de la séance du 2 Décembre dont la rédaction est adoptée.

Correspondance.

M. Ch. Des Moulins communique à la Commission une lettre de M. Magonty, lettre accompagnant une branche de sarment couverte de *Coccus vitis*. M. Magonty émet sur les causes de la maladie de la vigne, une opinion complètement conforme à celle que M. Ch. Des Moulins a développée dans la dernière séance.

Mémoires et Rapports.

M. Gaschet dépose sur le bureau deux raisins cueillis récemment à Podensac, sur des ceps qui avaient été oïdiés; ces raisins, com-plètement noirs et desssséchés semblent carbonisés; cependant, le pédoncule paraît sain. M. Gaschet donne d'intéressants détails sur les vendanges opérées dans les vignobles atteints par l'*oïdium;* il fait part à la Commission de quelques observations auxquelles il s'est livré touchant la maladie de la vigne; à l'appui de ses idées, M. Gaschet dépose sur le bureau : 1.º des sarments complètement morts et provenant de ceps oïdiés; 2.º du vin fait avec des raisins oïdiés. Ce vin dégusté par MM. les membres de la Commission, est d'une qualité détestable.

M. Bouchereau, qui n'assistait pas à la dernière séance, invité à exprimer son opinion sur les causes de la maladie, la formule en ces termes :

« La vigne, fatiguée en 1852, dans la Gironde, par une tempéra-ture qui lui était contraire, se trouvait *prédisposée* à recevoir les influences pernicieuses de plusieurs maladies.

» Aussi, l'*oïdium* a-t-il fait irruption dans nos vignobles en même temps que d'autres maladies déjà connues.

» Les remèdes employés contre l'*oïdium* n'ont été que des pallia-tifs, parce que pour guérir la vigne malade, il aurait fallu l'enlever du milieu où elle se trouvait placée, c'est-à-dire, réformer les saisons.

» Si des circonstances atmosphériques, contraires à celles aux
quelles la vigne a été exposée en 1852, existent en 1853, tout doit
faire espérer que l'*oïdium* ira en décroissant si même il ne disparaît
entièrement.

» Mais si les mêmes circonstances de 1852 se renouvelaient
en 1853, il est évident que le mal serait immense et aurait des
conséquences désastreuses pour le département.

» Toute la question de l'*oïdium* se résout, à mes yeux, à une
question de pluie ou de beau temps. Dieu veuille nous donner le
beau temps ! »

M. Ch. Laterrade, secrétaire, donne lecture de son Compte-
Rendu général des travaux de la Commission. L'introduction et les
deux premiers paragraphes de ce rapport ayant occupé la fin de la
séance, la Commission s'ajourne au Samedi, 11 du courant, à 7
heures du soir, pour entendre la continuation de cette lecture.

A 5 heures la séance est levée.

Le Secrétaire rapporteur : CH. LATERRADE.

Adopté en séance de la Commission, le 11 Décembre 1852.

Le Directeur de la Société, Président de la Commission :

J.-F. LATERRADE.

SÉANCE DU 11 DÉCEMBRE 1852.

Présidence de M. LATERRADE, père.

La séance est ouverte à 7 heures ¼.

Sont présents : MM. Laterrade père, Ch. Des Moulins, Cazenavette,
Cuigneau, Desmartis fils, de Kercado, Ch. Laterrade, Petit-Lafitte.

Le secrétaire donne lecture du procès-verbal de la séance du 9
Décembre dont la rédaction est adoptée.

Mémoires et Rapports.

M. Desmartis fils, donne lecture de plusieurs notes, 1.º sur la
production des champignons cette année. M Desmartis a observé
que les grandes espèces ont été plus rares que de coutume, tandis
que les moisissures ont été extrêmement abondantes; 2 º sur le pré-
tendu empoisonnement qui aurait été occasionné par l'*oïdium;*
3.º sur la propagation de l'*oïdium* qui dans un vignoble voisin de

Bordeaux, n'a frappé qui le cépage appelé *sauvignasse* (espèce de sauvignon), 4.º sur les maladies des vins ; 5.º sur un procédé pour la destruction des insectes, procédé mentionné par M. Dorvault dans son *Supplément à la Revue Pharmaceutique.*

M. Ch. Laterrade reprend la lecture du Compte-Rendu des Travaux de la Commission.

A la suite de ce rapport, une discussion s'engage sur la question de savoir si les conclusions du rapporteur devront textuellement renfermer les diverses opinions émises par chacun des membres de la Commission. M. le rapporteur pense que les opinions de la minorité doivent sans doute être indiquées dans le rapport, mais que le développement de ces opinions aura sa place naturelle dans les procès-verbaux imprimés comme pièces justificatives annexées au rapport. M. Petit-Lafitte émet un avis contraire.

La Commission s'ajourne à Jeudi prochain pour voter sur les conclusions du rapporteur, et dresser la liste des matériaux dont l'impression sera proposée à la Société Linnéenne.

A 9 heures ³/₄ la séance est levée.

Le Secrétaire rapporteur : Ch. Laterrade.

Adopté en séance, le 16 Décembre 1852.

Le Directeur de la Société, Président de la Commission,

J.-F. Laterrade.

SÉANCE DU 16 DÉCEMBRE 1852.

Présidence de M. LATERRADE, père.

Le séance est ouverte à 3 heures.

Membres présents : MM. Laterrade père, Ch. Des Moulins, Cazenavette, Bouchereau, Desmartis, de Bonneval, Ch. Laterrade.

Le procès-verbal de la réunion du 11 Décembre est lu et adopté.

L'ordre du jour appelle la discussion sur les conclusions du Compte-Rendu des Travaux, lu dans les deux précédentes séances, par le secrétaire rapporteur.

M. Bouchereau, considérant les rapports qui existent entre son opinion et celle de la majorité, se range à cette dernière.

La Commission décide que les opinions de MM. les Membres de la minorité de la Commission, seront textuellement insérées *à la suite* du Compte-Rendu.

Il est décidé, en outre, que la Commission proposera à la Société Linnéenne l'impression des pièces suivantes :

1.º Compte-Rendu des Travaux.
2.º Procès-Verbaux des séances.
3.º Rapport de M. Cuigneau sur l'ouvrage de M. Bertola.
4.º Traduction de l'*Instruction populaire* publiée en Italie.
5.º Mémoire de M. Gaschet sur la maladie noire.
6.º Note du même sur les vendanges des vignobles oïdiés.
7.º Notes de M. Desmartis.

Le présent procès-verbal est lu et adopté séance tenante.

A 5 h.res 1/2 la séance est levée.

Bordeaux, le 16 **Décembre** 1852.

Le Secrétaire rapporteur : CH. LATERRADE.

Le Directeur de la Société, Président de la Commission :

J.-F. LATERRADE.

II.

Rapport présenté à la Commission par M. A. GASCHET, *l'un de ses membres, sur quelques vignobles atteints de l'***oïdium,** *dans la commune de Podensac.*

———❊———

MESSIEURS,

Lorsque j'acceptai la mission que vous crûtes devoir me confier, j'avais la pensée d'avoir à vous rendre compte de quelques treilles de chasselas entachées d'*oïdium* : c'est du moins le but que j'avais donné à mon excursion, et c'est peut-être aussi ce que vous aviez tous compris.

J'ai promptement été désabusé. Je n'ai pas eu, en effet, à étudier la maladie de la vigne sur quelques points isolés du canton de Podensac, mais à constater, en outre, un affreux désastre.

Durant les heures passées dans cette contrée, je me suis exclusivement occupé des questions qui m'étaient soumises : j'avoue néanmoins que j'eusse désiré pouvoir rester encore une journée sur les lieux infestés. Il faut, en effet, de nombreuses observations identiques, et faites sur des vignes et des terrains dissemblables, avant de porter sur des faits aussi délicats un jugement ayant un certain degré de certitude. Peut-être avant longtemps, me sera-t-il permis de continuer des recherches que j'aurai l'honneur de vous communiquer.

5

Quoiqu'il en soit, permettez-moi, Messieurs, de vous dire dès-à-présent ce que j'ai vu par moi-même, et de vous rapporter les faits que j'ai pu recueillir de quelques habitants du pays, qui m'ont été d'un grand secours.

Le premier terrain que j'ai dû examiner est un clos d'environ 5 hectares, situé au Nord-Est de Podensac. Le sol en est graveleux sur une profondeur d'environ quarante centimètres, et d'assez bonne nature. Le sous-sol, qui, vous le savez, est surtout à considérer lorsqu'il s'agit de vigne, est de qualité très-inférieure : c'est un amas de sable, qui m'a semblé à-peu près inerte et brûlé.

Les ceps de ce clos doivent, sous quelques exceptions, tenir le milieu entre l'assez-bien et le médiocre : la culture en est soignée. Il est pour moi constant que les quarante centimètres de terre végétale, gisant à la surface, et composés, comme je l'ai dit, d'un terrain léger et graveleux, maintiennent exclusivement la modeste prospérité de la plantation.

Il est bien entendu néanmoins, que je mentionne les faits généraux et non les particularités : — dans ces cinq hectares on rencontre, en effet, des parcelles, ou infiniment plus riches, ou infiniment plus ingrates.

C'est là qu'en 1852, on reconnut d'abord la maladie qui nous occupe : c'est là aussi que furent pris les raisins qui déjà ont été soumis à vos investigations.

Le fléau y fut constaté le 10 Juillet : le régisseur du domaine l'y avait vu étendre ses ravages ; il me montrait de temps à autre un pied atteint. Mais un examen attentif me fit reconnaître que le mal s'était rapidement généralisé. Non-seulement des pieds épars portaient les traces de l'*Oïdium Tuckeri*, mais j'oserais affirmer que dans cette vaste plantation, il n'est pas un dixième des ceps qui ne soit plus ou moins endommagé. Au surplus, les personnes qui m'accompagnaient, aussitôt que je leur montrais les indices du mal, reconnaissaient leur erreur, et je pense qu'il ne leur reste plus aucun doute sur l'extension rapide et générale de l'oïdium.

De là, j'ai cru devoir me transporter à deux kilomètres Sud-Ouest de Podensac, chez M. Bacque, à Boisson, c'est-à-dire au lieu d'où, selon les gens du pays, le mal avait semblé primitivement partir.

Chemin faisant, j'ai traversé diverses propriétés plus ou moins étendues, et, dans cette course un peu rapide, j'ai reconnu que l'oïdium y avait pris un plus haut degré d'intensité : dans certaines plantations, je n'ose affirmer avoir rencontré un seul cep en état parfait de santé. Telle était aussi la situation des vignes chez M. Bacque, sauf un certain nombre de pieds, dont j'aurai plus particulièrement à vous entretenir.

Il m'a été, outre les circontances dont je parlerai plus tard, très-facile d'expliquer la plus haute gravité du mal dans cette contrée en rapprochant deux dates : c'est le 10 Juillet que la présence de l'oïdium fut constatée dans le clos premièrement indiqué, et c'est quinze jours auparavant que M. Bacqué et ses voisins l'aperçoivent.

Voilà ce que j'ai vu : permettez-moi de rappeler ce qui m'a été rapporté. J'aurai, au reste, plus d'une fois à vous parler de M. Bacque ; et, afin que vous ajoutiez à ses paroles la confiance qu'elles méritent, il est bon de noter que c'est un homme d'une intelligence et d'une perspicacité rares ; il voit tout et voit bien. J'ai voulu plusieurs fois le mettre à l'épreuve, mais vainement. Quant à moi, Messieurs, les rapports que j'ai eu avec l'homme, m'autorisent à attacher une importance particulière à ce qu'il déclare avoir vu.

Donc, d'après M. Bacque, et son dire se trouve confirmé

par d'autres habitants du pays , et souvent aussi par mes propres observations , la maladie de la vigne est manifeste :

1° Entre la palus de Podensac et le clos dont je vous ai d'abord entretenus : terrain de grâve à la surface , sous-sol argilo-calcaire ;

2° Dans la palus de Podensac ;

3° Dans toute la contrée qui s'étend de Boisson à Canteau , commune d'Illats , et même jusqu'au centre d'Illats ;

4° Enfin , l'oïdium semble très-largement répandu à Cérons.

Ainsi , Messieurs , d'après ce que j'ai vu et les renseignements que j'ai pu me procurer , le fléau étend dès à présent ses ravages sur une vaste contrée , c'est-à-dire dans tout Podensac et au moins dans une notable portion d'Illats et de Cérons. Je suis peut-être au-dessous de la vérité en supposant de mille hectares le périmètre frappé.

Je passe aux particularités de mes recherches. Vous avez déjà pu remarquer que la nature du sol , en considérant , soit les couches supérieures , soit les couches inférieures , n'influait en rien sur la maladie de la vigne. Ainsi , les terrains d'alluvion , les terres légères , graveleuses , à sous-sol sablonneux ou argileux , ou enfin argilo-calcaire ; les terres ingrates et réputées les dernières de la contrée , offrent toutes et indifféremment les mêmes résultats.

Affirmons donc sans hésiter, que la composition naturelle du sol , ne peut conduire à aucune conclusion satisfaisante.

Quant à la culture du pays , ce que j'en ai vu est malheureusement uniforme. Ce sont des plateaux de deux règes de vignes à bras , puis une joualle d'environ deux mètres , labourée à la charrue , mais rarement cultivée (1).

---

(1) J'ai aperçu l'*oïdium* , depuis la rédaction de ce mémoire, dans toutes les conditions possibles de culture (Décembre 1852).

S'il m'était permis de porter un jugement sur le mode de culture adopté à Podensac, je dirais, que je le crois essentiellement défectueux et propre, sinon à occasionner, du moins à aggraver toutes les infirmités de la vigne.

D'abord les ceps sont entassés les uns sur les autres : c'est à peine si d'un pied à l'autre on laisse soixante centimètres d'intervalle. Les racines doivent donc se confondre et s'enlever mutuellement leur subsistance.

D'un côté, la planche cultivée à bras, oblige les racines à vivre tant bien que mal à la surface restreinte du plateau, et de l'autre, la charrue labourant la jouaille, déchire celles qui chercheraient à s'étendre dans le terrain vacant.

Le mode de fumure me semble aussi vicieux : on s'occupe peu de diminuer la force de l'engrais en formant des terreaux. On fait une mince fosse au pied même de la vigne et on y applique un fumier actif. On obtient ainsi tout de suite une puissante végétation, mais c'est aux dépens d'abord de sa durée et ensuite de la vigueur du cep lui-même qui, loin d'étendre ses racines, doit se complaire exclusivement dans la fosse qui lui est préparée et y végéter.

Quoiqu'il en soit, et que mon raisonnement ait ou non de la valeur, je dois néanmoins reconnaître que les vignobles de Podensac ont en général une belle apparence et semblent prospérer. Ce résultat doit particulièrement être attribué à la nature du sol, qui paraît créé pour cette culture, surtout dans les contrées où la surface est un mélange de terre légère et de grâve, et le sous-sol argilo-calcaire.

La fumure elle-même est à mon sens, parfaitement innocente du fléau : pour peu qu'un domaine soit étendu, quel est le propriétaire qui mettra moins de quinze ou vingt ans d'une fumure à l'autre, surtout s'il emploie directement les engrais actifs de l'étable? où en trouvera-t-il les moyens!

D'ailleurs, j'ai vu des plantations gravement endommagées

qui n'avaient point été secourues depuis plus de vingt ans,
et d'autres même qui avaient toujours été abandonnées à
leurs propres forces.

Si donc on peut à la rigueur, supposer que le genre de
culture est propre à activer, à aggraver le mal, rien n'indique cependant qu'il en puisse être la cause.

Le cépage paraît aussi ne jouer aucun rôle dans la maladie ; tous, blancs ou rouges, sont indistinctement atteints.
Pourtant, si les observations de M. Bacque sont exactes,
voici l'ordre dans lequel il placerait l'intrusion de l'*oïdium*
1.º *Chalosse* (cépage commun); 2.º *Blayais*; 3.º *Courbin*,
(Blanc-Verdet) ; 4.º *Prunelat*; 5.º *Sémilion, Sauvignon* (1).

Dans cette partie du Bordelais, le raisin rouge est pour
une très-faible part; cependant chez certains cultivateurs,
j'ai vu recouverts de l'*oïdium* le *Martiquet*, la *Parde*, le
Cruchinet, le *Mausat* (*noir de Pressac* ou *balousat*).

Le cépage n'offre donc encore nulle prise à l'observation.

Relativement à l'exposition, je n'ai rien à dire : la vaste
superficie infestée résout toute difficulté. La même observation s'applique à l'âge de la vigne. J'ai reconnu l'*oïdium*
sur des plantes de deux ans, tout aussi bien que sur les
ceps ou vieux ou d'un âge moyen.

J'ai dû m'enquérir de l'époque précise où l'on a pu se
rendre compte de la première apparition de la maladie dans
la contrée. Il est certain qu'en 1851, elle fut constatée au
canton de Boisson et voici le résumé de la version de M.
Bacque et les réponses qu'il fit à mes questions diverses.

---

(1) Je crois l'observation de M. Bacque parfaitement juste ; à mon
sens, tous les cépages indistinctement, peuvent être entachés d'oï-
dium, mais tous ne le sont pas aussi facilement. Dans d'autres contrées j'ai remarqué que les premiers atteints étaient le *Muscadet*,
le *Blanc-Verdet*, le *Merleau*. Le plus réfractaire semble être l'*Enra-
geat* (Décembre 1852).

Il s'aperçut vers la fin de Juillet ou le commencement
d'Août 1851 , que le raisin se détériorait et se couvrait
d'une poussière grisâtre. Ce mal atteignit d'abord les pieds
de *Chalosse* , puis de *Blayais* , puis , etc.

La maladie étendit ses ravages jusqu'au mois de Septembre ; à cette époque les raisins infirmes continuèrent à empirer ; mais ceux qui jusque-là avaient été préservés , acquirent une saine maturité.

Si cette dernière assertion est exacte , j'en déduirai bientôt de puissantes conséquences.

M. Bacque recueille sur son domaine environ vingt-cinq
tonneaux, année commune. En 1851, il récolta quatre bastes
(demi barrique) de raisins avariés qu'il versa sur la pi-
quette (1).

---

(1) A voir au mois de Juillet 1852, la triste situation de ses plantations , bien que la récolte pendante fut abondante , je présumais
qu'il ne recueillerait guère de raisin en état de faire du vin. Mais
protégé par l'abondance des pluies , il a vu ses espérances dépassées.
Il a obtenu trois tonneaux de vin.

Un de ses voisins , qui dans une certaine étendue de terrain , atteint d'habitude dix-huit tonneaux de vin, tant blanc que rouge , a
fait en 1852, une barrique de blanc et demi barrique de rouge. Le
même , dont le domaine entier est d'un produit annuel de soixante
tonneaux, a été réduit à sept. D'autres propriétaires de la contrée ont
été traités à peu près dans les mêmes rapports.

Je me demande cependant si , pour la bonne part du moins , il est
permis d'accorder , aux cultivateurs que je viens de citer, l'honneur
qu'ils réclament d'avoir fabriqué quelques futs de vin. Parce qu'elle
est le produit du raisin , doit-on en effet appeler *vin* une liqueur
sans nom, acide et nauséabonde? On a voulu extraire toute la partie
aqueuse de fruits avariés et l'on y est parvenu, mais quant à avoir
obtenu ce qu'il est d'usage de nommer *vin*, je le nie pour la majeure
partie.

On doit cependant affirmer que cette liqueur quelconque est inof-
fensive ; elle est la boisson journalière de M. Bacque et de sa famille,
et ils n'en éprouvent aucune incommodité (Décembre 1852).

Les ceps qu'il devait suspecter, ceux qui lui avaient fait
défaut l'an dernier, et qu'il surveillait avec l'œil du maître
et du cultivateur, ont été précisément les premiers atteints
en 1852. Il m'a été facile de contrôler cette assertion, lorsque conduit sur les lieux, j'en ai vu les raisins beaucoup
plus avariés que ceux qui les environnaient. M. Bacque,
dès le 20 Juin apercevait l'*oïdium* chez lui.

La marche du fléau n'offre aucune régularité : tantôt il
gagne de proche en proche, tantôt il abandonne quelques
pieds pour les ressaisir plus tard ; tantôt enfin, ses bonds
sont très-espacés. Mais, si je ne me trompe, les ceps qu'il
semble le plus respecter dans sa course, deviendront bientôt sa victime, l'heure de l'atteinte est seulement reculée,
rien de plus. Tel est du moins le résultat de mes propres
observations et la déduction des faits que j'ai recueillis.

La maladie étudiée à Martillac par quelques-uns de nos
collégues et qui a reçu le nom de *maladie noire*, ne paraît
avoir aucun trait d'union avec l'*oïdium* ; j'en ai aperçu à
peine quelques traces à Podensac, et les sujets sur lesquels
ces traces se manifestaient, n'étaient ni plus ni moins la
proie du cryptogame que les autres.

J'ai perdu de longues heures à chercher l'*acarus* d'Orléans et toujours vainement. Je n'affirme cependant point
sa non-existence, j'affirme seulement ne l'avoir point vu. Des
acaridies, les seules qu'il m'a été donné d'apercevoir, ap-
partenaient au genre qui vous a été précédemment soumis
et provenant de Martillac.

A mon sens, l'*Oïdium Tuckeri* atteint simultanément le
raisin, la feuille et le sarment ; il n'y a à cet égard aucune
distinction à faire. J'ai suivi attentivement les ceps les plus
gravement compromis, ceux qui l'étaient médiocrement, et
ceux qui n'offraient que des traces de l'*oïdium*. Eh bien,
dans tous les cas, je l'ai constamment rencontré plus ou

moins abondant sur le raisin , le sarment et la feuille. S'il y a une différence à établir, c'est que le bois et la feuille en étaient moins revêtus (1).

Bien plus , et je vous invite, Messieurs , à vous rappeler cette observation dont les conséquences se retrouveront bientôt, lorsqu'un cep est vicié , il l'est complètement et également. Ainsi, existe-t-il une grappe de raisin fortement endommagée , vous pouvez affirmer que tous les autres raisins du même individu , sont en rapport avec celui-ci. Une grappe au contraire n'offre-t-elle qu'une atteinte légère , alors toutes celles qui appartiennent au même individu présentent des traces à peu près semblables. Jamais enfin on ne rencontrera une grappe gravement compromise à côté d'une autre en état de santé. Jamais non plus , une grappe saine à côté d'autres fortement oïdiées. En un mot , il y a simultanéité et égalité , dans l'invasion de la maladie , sur toute la surface du pied.

D'un cep à un autre il y a une inégalité frappante ; ici , un pied complètement couvert d'*oïdium* , là , un autre pied sain ou très-faiblement atteint.

Les provins issus d'un même cep étendu en terre , sont aussi simultanément et uniformément atteints. Je n'ai pu découvrir entre eux aucune différence appréciable (2).

---

(1) Je crois que cette assertion exige un correctif. Il est vrai que l'*oïdium* s'attache de préférence au raisin tant que celui-ci est à l'état de verjus. Mais, lorsqu'il approche de la maturité, lorsqu'il est *tourné*, l'*oïdium* semble dominer au contraire sur le sarment et la feuille. Sur ces dernières parties du cep, il a aussi beaucoup plus de prise ; ainsi, une pluie abondante parvient quelquefois à nettoyer en tout ou en partie les grappes qui la reçoivent directement, tandis que le cryptogame reste définitivement fixé au bois et aux feuilles. Il ne les abandonne jamais (Décembre 1852).

(2) Appelé à faire des observations sur la marche de l'*oïdium*, dans le canton de Pessac, le fait de la simultanéité et de l'égalité de l'ac-

Malgré l'attention que j'y ai porté, je n'ai point vu d'*oïdium* aux dernières limites des flages. En échange, j'ai remarqué fréquemment sur ces jeunes pousses de petites
rayures vert foncé en sens inverse au fil du bois; il m'a
semblé que ces rayures n'étaient point naturelles.

Outre l'*oïdium*, le bois déjà parvenu à une certaine maturité, manifestait lorsque le raisin était légèrement atteint,
des points noirs en plus grande abondance que d'ordinaire
et de fréquentes déchirures à l'épiderme. Le mal s'aggra-
vant, le sarment offrait de larges taches brunâtres.

Les feuilles, pour un observateur attentif, sont aussi
perverties dans leur organisme. Sans doute, au premier
abord elles sont saines, mais si on les compare à d'autres
feuilles non suspectes, on y aperçoit des taches jaunâtres,
surtout en les plaçant entre l'œil et la lumière.

Si je ne me trompe, lorsque le sarment n'a pas atteint
une certaine maturité, l'*oïdium* s'agglomère en plus notable
quantité vers les nœuds que sur les portions lisses. Est-ce
une illusion? est-ce un phénomène inévitable pour l'œil de
l'observateur et résultant de la jonction de deux surfaces
présentant saillies et n'ayant néanmoins dans leur étendue

---

tion de l'*oïdium* sur le cep de vigne frappa aussi M. Desmartis. Mais
un mois après, M. Desmartis et moi, nous reconnaissions que le mal
avait pris des caractères tout différents. La raison en est simple et ne
contrarie en rien ma première affirmation. Des pluies abondantes,
constantes étaient tombées; or, l'*oïdium* qui a beaucoup de prise sur
la feuille et le sarment en a infiniment moins sur le raisin; il s'y
attache plus superficiellement. Les grappes qui étaient soumises à
l'action directe de l'eau furent protégées, tandis que celles qui au contraire étaient abritées par la feuille, furent plus profondément oïdiées.
Je pense donc, que si le fait qui s'était primitivement manifesté à
M. Desmartis et à moi, a discontinué, l'effet n'en est pas dû à l'oïdium en lui-même, mais à des circonstances tout-à-fait étrangères.
Je pense en un mot qu'en 1852, l'*oïdium* a été contrarié dans sa marche naturelle (Décembre 1852).

qu'une égale répartition d'*oïdium*? serait-ce enfin le résultat réel d'une cause plus sérieuse?

Au reste, celui qui passerait à côté d'un plantier, même
gravement compromis, ne se douterait jamais du fléau:
tout y semble prospérer et vivre d'une noble existence. Même
les ceps que M. Bacque suppose avoir été infestés l'an dernier, paraissent encore pleins de vigueur. Deux sujets font
exception à cette règle; l'un est déjà mort, et l'autre, quoique d'une belle venue, dépérit, ses feuilles jaunissent.
Mais faut-il attribuer ces faits épars à l'infirmité qui nous
occupe? faut-il au contraire les rejeter au nombre des accidents de la vie? L'avenir nous donnera sa réponse. Pour
moi, cette réponse, je la crois redoutable.

J'ai encore essayé d'étudier le raisin, qui d'ailleurs, à
Podensac, est assez abondant pour l'année. J'ai reconnu que
la pulpe était généralement atrophiée et le pepin hypertrophié. Chez l'un l'aliment ou manquait ou était envahi; chez
l'autre, la nourriture était exubérante. C'est à ces causes
que j'attribue en partie la division du grain. Ce ne peut être
en effet seulement le temps d'arrêt que la peau du raisin
éprouve dans son développement qui en occasionne la déchirure: elle contient si peu de pulpe, qu'elle suffirait toujours à maintenir le pepin s'il demeurait dans son état normal. Mais le pepin grossissant outre mesure, il lui est
impossible de se caser sous la pellicule devenue presque
stationnaire et il la déchire. Cela est si vrai, que souvent il
parvient à se créer une issue, il perfore la pellicule; la plaie
obstruée par le pepin, se cicatrise et alors le grain entier
vit tant bien que mal, mais exempt de division. J'ai rencontré beaucoup de pepins qui étaient ainsi parvenus à se
faire jour (1).

---

(1) Ces observations doivent s'entendre d'une manière générale, il

Je ne nie point d'ailleurs que l'oïdium ne vive aux dépens
de la pulpe, ne l'absorbe en partie, ne vienne un jour en
aide au pepin et ne le force, en le rétrécissant, à briser son
étui. Mais le phénomène dont je parle, l'exagération du
pepin et la pauvreté de la pulpe, préexiste quelquefois à
l'oïdium. Lorsque le grain ne souffre pas encore de la présence du cryptogame, ou en souffre peu, il y a plus de
souplesse et moins de sécheresse dans la peau ; aussi ne se
fend-elle pas, et c'est alors que le pepin se creuse une issue
moins désordonnée. Le fendillement de la peau n'est réellement dans toute sa force et sa laideur, qu'au jour où
l'oïdium est très-intense. Ainsi, d'un côté la pulpe s'annihile,
le pepin se gonfle et devient à l'étroit; de l'autre côté, et
à ces effets organiques, l'oïdium s'adjoint, dévore la pulpe
déjà restreinte, dessèche la peau, la rend cassante et force
définitivement le pepin à briser son enveloppe.

Une grave question me préoccupait, et j'avoue que là
était principalement le but de mes recherches : je voulais,
s'il était possible, découvrir le siège du mal, et indiquer
par quels procédés on devait le combattre.

Des pressentiments parvenus à une sorte de conviction,
me disaient que l'oïdium ou l'acarus n'étaient que des
effets, des accidents plus ou moins inévitables d'une lésion
organique. J'en ai aujourd'hui, non pas la conviction, mais
la certitude.

Permettez-moi donc, Messieurs, de vous rappeler en
peu de mots quelques-uns des faits déjà relatés, de les
grouper, et d'en déduire une rigoureuse conséquence.

Je vous ai dit que l'intrusion de l'oïdium était simultanée
sur le même cep : que la maladie qui frappait ou une grappe,

---

est des cépages, le sémilion particulièrement, où la pulpe est à l'état
normal. Leur grain le fendra-t-il ?

ou une flage , présentait constamment le même rapport
de gravité dans les autres flages et les autres grappes du
même individu, fût-il en contact avec un autre sujet plus
ou moins avarié. Or, en dehors des phénomènes de l'organisme de la vie, du transport de la sève sur tous les points
de la plante, m'expliquerait-on une longue série d'observations si absolues dans leur uniformité ? M'expliquerait-on
que l'oïdium, que les vents emportent continuellement et
avec tant de rapidité d'un point à l'autre, s'attacherait toujours en degré uniforme sur toutes les grappes du même
cep ?

M'expliquerait-on surtout, que les provins issus de la
même mère, soient aussi et toujours uniformément atteints ?
Le virus étant organique, les enfants aspirant la sève de
leur mère, vivant de la même vie, marcheront de front
dans la prospérité ou la dégradation : si au contraire, le
mal est superficiel, si les influences atmosphériques externes, ou la présence de l'oïdium sont les causes uniques du
mal, comment les provins offriraient-ils constamment le
même aspect de santé ou de maladie, lorsque leurs voisins
présentent des variations.

J'ai cru encore remarquer sur les sarments, je vous l'ai
dit, une agglomération d'oïdium plus intense aux endroits
où les nœuds se forment, que sur les surfaces lisses. Ne
serait-ce point l'indication, que là où la sève doit être évi-
demment contrariée, s'arrêter pour prendre un nouvel
essor, le virus se concentre et donne plus fortement matière de vie à l'oïdium. Pourtant, je dois répéter de rechef,
que mon observation n'est pas assez bien faite, assez rigoureuse, pour y attacher une importance capitale.

Ce n'est pas tout encore : interrogé par moi, que répond
M. Bacque ? — *Que l'oïdium se manifesta chez lui fin Juillet*
ou au commencement d'Août 1851 ; *qu'il étendit ses ravages*

*jusqu'au mois de Septembre ; qu'à cette époque , les raisins
infirmes continuèrent à empirer , mais que ceux qui jusque-
là avaient été préservés , acquirent une saine maturité.*

Vous le voyez , Messieurs , la coïncidence des sèves avec
le jeu de la maladie est frappante : fin Juillet ou commencement d'Août , c'est l'heure où la seconde sève a toute son
action , et le mal s'accroît. Au mois de Septembre au contraire , la sève diminue , elle s'arrête , et alors aussi une
borne est posée à l'extension de l'infirmité (1).

Me serait-il enfin défendu de constater la présence d'un
vice profond , radical , dans le volume souvent insolite du
pepin et la pauvreté de la pulpe ? La progression étonnante
de l'oïdium , sa marche incohérente , ne sont-elles pas aussi
des indices que la maladie couvait dans le sein de la terre
et n'attendait qu'une certaine maturité pour se rendre sen-
sible à nos yeux ?

Tous ces faits , les uns constants , les autres probables ,
m'avaient déjà formé une conviction profonde. Il m'était
déjà démontré que je trouverais des lésions plus ou moins
graves dans les racines de la vigne malade. Ce fut donc
avec une entière confiance dans mes premiers pressentiments
que je fis arracher quelques ceps oïdiés.

De ce moment , le doute ne me fut plus permis. Je m'é-

---

(1) En 1852 , les faits ont été en apparence absolument contraires : vers la fin de Septembre , après de longues pluies , le soleil est
venu favoriser son développement et le mal a pris un nouveau degré
d'intensité. Je crois pouvoir encore facilement expliquer cette con-
tradiction. En 1851 , en effet , les végétaux ont subi les lois naturelles de leurs périodes de croissance et de maturité : en 1852 , ces
lois ont été bouleversées. Ainsi , il est constant que la vigne a toujours été en sève. Cela est si vrai , que dans les derniers jours de
Novembre , elle s'écoulait à la taille comme au mois de Mars. (Décembre 1852).

tais attaqué à des provins de l'année, fortement fumés et
chargés de raisins. Les racines nouvelles, celles qui s'étaient
récemment formées et qui devaient par conséquent être
pleines de vie, étaient à moitié pourries et en partie couvertes de moisissure. Pourtant, leur extension indiquait
qu'elles avaient dû jouir de quelques heures de prospérité.

Le sarment qui, étendu, avait formé le provin, était lui-
même lésé et pourri en certains endroits. Ces mêmes faits
se reproduisaient sur le pied-mère Au reste, les personnes
qui m'accompagnaient, reconnurent que ces racines étaient
fortement endommagées et en dehors des conditions nor-
males.

Je fis extraire différents ceps malades, et je trouvai à
divers degrés les mêmes fâcheux indices.

Je choisis enfin un cep sain en apparence, écarté des
plus gravement atteints, mais toujours dans le clos infesté :
les racines étaient un peu moins dégradées, mais cependant
maladives. Aussi, je puis à coup sûr prédire, qu'avant huit
jours, l'oïdium couvrira ce pied si sain en appparence (1).

---

(1) Revenu à Podensac dans les premiers jours de Décembre 1852,
j'ai voulu examiner l'état actuel du sarment oïdié : voici le résumé
succinct de mes observations.

J'y ai reconnu une altération profonde, essentielle et suivant la
progression de l'oïdium : plus celui-ci est intense, plus l'altération
est étendue.

Le mal est infiniment plus caractérisé chez les sujets atteints en
1851 et 1852, que dans les ceps oïdiés en 1852 seulement.

Enfin, plus la vigne est jeune et vigoureuse, plus la destruction
du sarment semble favorisée.

L'altération consiste en une dessication plus ou moins profonde
du sarment ; la substance organique de la fiage est pervertie, détruite
à partir de l'extrémité et le mal s'étend en descendant vers le tronc.
L'épiderme, le bois et la moelle sont viciés.

La partie la plus saine, celle qui n'est point complètement dessé-

Ne vous semble-t-il pas, Messieurs, que la question est
vidée ? Ne vous est-il pas démontré que le mal est organique
et non extérieur ? Qu'il précède, et peut-être de beaucoup,
la présence de l'oïdium ? Serait-il enfin possible que je me
fisse illusion ?

Si donc je suis dans le vrai, si je n'ai point commis
d'étranges erreurs, ne doit-on pas cesser les essais de palliatifs externes, et s'occuper activement de mettre à contri-
bution la sève elle-même ? c'est elle qui selon moi, donne
la mort, c'est elle aussi qui seule pourra donner la vie.

A. GASCHET.

30 Juillet 1852.

---

chée, c'est-à-dire, qui se rapproche du tronc et qui souvent n'a pas
plus de 8 ou 10 centim. de longueur, m'a paru néanmoins détériorée,
en ce sens qu'elle n'avait point l'aspect habituel du bois à l'époque
de la taille ; qu'elle était plus sèche, plus cassante, en un mot, moins
vive.

Parfois, le sarment est détruit en totalité : non-seulement les cas
n'en sont point fréquens, mais encore il est à remarquer que lorsque
le fait se manifeste, la flage a rarement atteint un grand développement.

Ces phénomènes morbides ne se sont pas révélés depuis longtemps,
ils ne suivent pas une lente progression ; on dirait plutôt, que les
flages qui jusqu'à l'époque de la maturité s'étaient accrus d'une
manière normale, ne recevaient pourtant point les substances propres à leur perfection, et qu'elles se sont complètement dégradées,
quand la vie éphémère que leur donnait la sève s'est éteinte avec
cette sève elle-même.

Je dois enfin ajouter que cette nouvelle physionomie de la maladie
de la vigne n'est pas seulement propre au canton de Podeusac : je la
constate encore à Saint-Médard d'Eyrans, Martillac, Lamarque, et
probablement partout où l'oïdium a précédemment été remarqué.
(Décembre 1852).

III.

Observations diverses sur la maladie de la Vigne, présentées à la Commission; par M. le D.ʳ Télèphe P. DESMARTIS, l'un de ses membres.

Depuis que j'ai eu l'honneur d'être désigné pour faire partie de la Commission de la maladie de la vigne, j'ai observé sur cette plante quatre états morbides différents :

1.º L'*Oïdium Tuckeri.*

2.º La *Maladie noire.*

3.º Une *altération* qui consiste dans l'épaississement partiel du péricarpe du raisin, lequel revêt la couleur rousse de l'oxide de fer et que je désignerai sous le nom de *taches rouilleuses.*

4.º Un autre état morbide caractérisé par un aplatissement d'une partie du grain, avec couleur rouge. Ce dernier phénomène ne frappe presque jamais que peu de grains sur une même grappe.

Le quinze Juillet 1852, je me rendis au village de La Forêt, commune de Mérignac, chez M. A....., dans le domaine duquel l'*oïdium* s'était manifesté depuis quelques jours. M. A....., me reçut avec beaucoup de bienveillance et nous examinâmes ensemble son vignoble.

Peu de jours auparavant il s'était aperçu qu'une treille adossée à sa maison était couverte d'une sorte de poussière blanchâtre ; ce fut là le point de départ de la maladie. Ce treillage a cela de particulier qu'il est *hybride*, c'est-à-dire que le pied fondamental est d'un cépage précoce, connu vulgairement sous le nom de *raisin de la Madeleine*, sur lequel a été greffé du *Chasselas blanc.* Ce treillage malade, se trouve faire face au *Sud* et à l'*Est ;* à l'*Ouest* de la mai-

6

son est une autre treille d'un cépage de *Muscat*, mais qui n'est nullement frappé de la maladie ; au *Nord*, il n'y a pas de vigne contre le mur.

La vigne hybride est ravagée par la maladie ; j'y ai constaté : 1.º L'*oïdium* en quantité sur les feuilles et sur les grains ; 2.º de très-nombreuses taches, d'une couleur violacée ou vineuse et fort apparentes sur les tiges ; 3.º de très-petites larves jaunâtres d'un quart à un tiers de centimètre de longueur qui se trouvent assez communément sur les grains.

A plusieurs mètres de la treille et du côté de l'Est, il y a une vigne en plein champ dont les premières règes sont elles-mêmes couvertes d'*oïdium*. Chaque jour de nouvelles règes sont attaquées, le mal marche pas à pas, d'une rège à l'autre, mais nullement par sauts ni par bonds. Avant l'apparition de la mucédinée, on aperçoit toujours les taches violacées sur les branches, en sorte qu'à l'endroit où j'ai constaté le point d'arrêt de l'*oïdium* avec son cortège, j'ai vu aux règes les plus proches, des taches existant seulement sur les tiges et qui sont néanmoins le signe précurseur de la maladie qui va sévir sur les grappes et sur les feuilles.

L'année dernière la même maladie avait frappé quelques localités de la commune de Mérignac, mais elle ne s'était pas montrée dans le village de La Forêt.

Le 28 Juillet, je suis encore allé à La Forêt, et j'ai constaté dans cette seconde excursion un accroissement considérable du mal qui maintenant va marchant en tous sens, mais toujours en gagnant de proche en proche. Les vignes à l'Ouest, qui avaient été épargnées sont complètement envahies. Les taches sur les pampres, l'*oïdium* sur les feuilles et sur les grains y existent abondamment comme ailleurs. De plus, il s'est formé tout récemment des taches noires et épaisses sur le grain qui s'est flétri et s'est fendu de manière à laisser échapper une partie de l'endocarpe.

La rupture du grain me paraît causée par une tension trop grande de l'épicarpe, et je suis porté à croire que ce phénomène est dû à un arrêt dans le développement de l'épicarpe seul, tandis que l'endocarpe et les pepins continuent à se développer. Je suis d'autant plus porté à l'admettre, que j'ai observé qu'après avoir atteint une certaine grosseur, différente suivant les cépages, le grain restait stationnaire, devenait dur, se tendait outre mesure et lors de la rupture, les pepins paraissaient hypertrophiés et la pulpe très-abondante.

J'ajouterai que, dans une seconde excursion à La Forêt, les raisins m'ont paru tout d'abord moins couverts d'*oïdium*, ce qui dépend des pluies qui sont tombées pendant plusieurs jours. Ces pluies ont produit un lavage et laissé une certaine humidité sous l'influence de laquelle la maladie est devenue moins apparente : les grains les moins lavés sont encore couverts d'une couche épaisse de la moisissure morbifère.

J'ai encore trouvé une assez grande quantité de larves jaunes et elles ne m'ont pas paru avoir grossi depuis la dernière fois.

Sur les ceps, la maladie est d'autant plus intense, qu'elle est plus ancienne et je crois (d'après ce que j'ai observé à La Forêt) qu'on peut admettre trois degrés dans le développement du mal. 1er degré, taches violacées sur les tiges, et *oïdium* sur les feuilles et sur le grain; 2me degré, distension de l'épicarpe du raisin, et sorte de flétrissure; en outre, taches noirâtres ou plutôt croûtes fuligineuses sur les feuilles et sur le fruit; 3me degré, éclat de l'épicarpe, sortie du pepin, perte du parenchyme.

Quant aux larves jaunes, on les rencontre depuis le début de la maladie jusqu'à la fin, mais je n'ai pu les trouver sur les raisins non oïdiés.

Le 4 Août, je me suis rendu à Caudéran, auprès de M. S....., naturaliste et propriétaire qui m'a assuré que quelques pampres de ses vignes avaient été frappés d'*oïdium*, qu'il les avait fait couper et brûler immédiatement et que le mal n'avait pas reparu depuis.

M. S....., m'a bien fait observer qu'il ne confondait point l'*oïdium* avec l'*eryneum vitis*.

Dans l'une de nos séances, M. Gaschet, me demanda si j'avais remarqué que l'*oïdium* frappât simultanément un même cep de vigne, sur toutes ses tiges, ses feuilles et ses grappes. Je répondis que les taches violacées se manifestaient d'abord sur le bois, mais que bientôt après, le pied malade, paraissait généralement atteint dans tout son être.

Dans la séance suivante, j'annonçai à la Commission, que la maladie de la vigne ne se montrait point toujours tout d'un coup sur un pied dans tout son ensemble; qu'à Caudéran, par exemple, chez M.ᵐᵉ L....., il existait des treilles où l'*oïdium* avait flétri ou desséché certaines grappes, tandis que d'autres du même pied, étaient parfaitement saines et les grains qui étaient fort beaux, se trouvaient parvenus à une bonne maturité.

A Saint-Médard-en-Jalle, sur des vignes en plein champ, j'ai constaté ce même fait.

A Saint-Médard-en-Jalle, encore, où, la récolte du raisin est perdue dans certains vignobles, j'ai trouvé les quatre maladies de la vigne, souvent dans un même champ.

Là, on m'a montré des pieds qui étaient oïdiés très-fortement en 1851 et qui ne le sont nullement cette année; mais qui, au contraire, ont le raisin dans l'état le plus satisfaisant sous tous les rapports. Je me suis assuré enfin

que, même sur les pieds les plus malades, le mal est tout-
à-fait superficiel ; que les taches violacées des tiges enle-
vées par un instrument tranchant laissent voir au-dessous
d'elles, le bois d'une intégrité parfaite. Le tronc et même
les racines que j'ai examinés avec soin, m'ont toujours paru
très-sains.

Au moment où je me livrais à ces explorations, il pleuvait
beaucoup et si j'eusse été partisan de l'opinion qui admet
partout des *acarus* comme cause du mal végétal, j'aurais
été amplement satisfait en trouvant la face inférieure des
feuilles, couvertes de petites chenilles, de larves et d'insectes
de tous les ordres qui se mettaient ainsi à l'abri de la pluie.
Néanmoins, comme je tiens à rapporter avec exactitude ce
que j'ai observé attentivement, je répéterai que je n'ai pu
trouver les petites larves jaunes que sur des raisins oïdiés.

Au sujet de l'*oïdium*, un de mes parents le D.ʳ Martial
P. Desmartis, m'écrivit quelque temps avant les vendanges, pour aller observer au Bouscat, près de chez lui, un
phénomène assez curieux.

Il me conduisit dans un vignoble où l'*oïdium* avait frappé
tous les pieds d'un cépage appelé dans la localité, *Saóuvi-
gnasse* (espèce de *sauvignon*), tandis qu'aucun autre pied
n'était atteint.

Les ceps de cette espèce de sauvignon étaient dispersés
dans la pièce de vigne, soit seuls, soit par groupe et cependant partout, *eux seulement* étaient oïdiés. Ce fait vient à
l'appui de ceux qui assurent que l'*oïdium* a de la prédilec-
tion pour certains cépages.

Maladie noire. — J'ai vu la maladie noire à Martillac, à
Saint-Loubès, à Saint-Médard, etc. Cette maladie a de
tout temps été observée et reconnue plus ou moins intense
par les cultivateurs qui la nomment *dóóu leguerdedjat*, c'est-
à-dire frappé par les éclairs (*los leguerdetchs*). Le *leguer-*

dedjat, disent les agriculteurs , se montre après les temps orageux et il est très-commun dans les années où l'atmosphère est fortement chargée d'électricité.

Taches rouilleuses. — Le 8 Août, j'ai constaté sur des vignes en plein champ dans la propriété de M. G....., route de Toulouse près la barrière , une altération qui n'a pas , je crois été observée jusqu'ici. Le surlendemain je l'ai aussi vue sur quelques pieds à Saint-Loubès , dans le domaine d e M P....., c'était encore sur des vignes en plein champ ; le raisin seul, offre une apparence de maladie, car ceps , tiges , feuilles , racines , tout est très-vigoureux et n'annonce aucun mal ; mais quant aux grains d'un même pied ou d'une même grappe, ils sont atteints à des degrés bien différents.

Voici les caractères que j'ai remarqués :

L'épicarpe se recouvre en certains endroits , d'une couleur fauve , rouilleuse ; ces taches tuberculeuses , ou plutôt ces points épais, envahissent , peu à peu tout le grain , qui se flétrit, se couvre de nombreuses fissures en ramuscules et bientôt se fend et se dessèche complètement.

J'ai vu en certaines circonstances la couleur rouilleuse des taches passer graduellement au noir foncé , à mesure que la graine s'ulcérait : cet état de ramollissement a lieu surtout sous l'influence de l'humidité.

Si l'on fend les grains on s'aperçoit que le mal gagne irrégulièrement l'intérieur.

Ces taches out paru se plaire surtout sur les cépages appelés *Nègre-doux* et *rouméou*.

Dans le domaine de M. P....., au nombre des pieds atteints cette année , se trouve celui qui était le seul malade l'an dernier.

4.º *Aplatissement d'une partie du grain avec couleur*

rouge. — Je suis parvenu, je crois, à me rendre compte de ce dernier phénomène morbide.

Lorsque le grain mûrit, il se montre d'abord une toute petite tache qui est le point de départ de la maturité ; parfois alors, il semble y avoir obstacle à la maturité de tout le reste du grain et, dans cette condition, la tache devient d'un rouge vif, s'affaisse en formant une surface plate, puis l'on voit à travers l'épicarpe, le pepin qui menace pendant un certain temps de faire saillie au dehors. Pendant ce temps, le grain ne mûrissant pas, se flétrit et éclate.

Il y a en général, peu de grains atteints de cette affection non contagieuse, et ils sont dispersés, soit sur un même pied, soit sur une même grappe.

Causes générales. — Avant de parler des maladies du raisin ou de la vigne, on devrait d'abord savoir comment existe cette plante à l'état sain.

C'est ainsi que nous avons eu occasion de lire dans un journal un article où l'on signalait fort longuement, comme cause du mal, de tout petits points noirs, presque imperceptibles à l'œil nu.

On aurait dû ne pas ignorer que l'état normal du grain, est d'être constamment ainsi pointillé d'une infinité de ces tubercules.

Au sujet de l'étiologie, M. Ch. Laterrade a émis une opinion qui me paraît digne de fixer l'attention au plus haut degré ; c'est que les investigations devraient peut-être se diriger vers le domaine de la météorologie : c'est amplement mon avis et j'ajouterai que l'on devrait comparer les résultats obtenus, par l'analyse de l'air et des eaux pluviales, faite il y a déjà quelques années, avec ceux qu'on pourrait obtenir aujourd'hui ; que l'on devrait aussi faire cette comparaison entre les localités où sévit une épidémie sur les végétaux et les endroits où les plantes sont parfaitement saines. De même, en effet, que la diminution ou l'absence de l'iode dans l'air, cause le goître ; que l'air chargé de miasmes paludéens produit des fièvres périodiques, que l'air contenant des principes délétères ou trop humides suscite les scrofules et les épidémies, de même aussi, les végétaux souffrent dans certaines conditions de constitution atmosphérique.

Mais tâchons de remonter à la source primordiale de la maladie de la vigne.

Le déboisement a assurément une grande influence non-seulement sur les courants des vents, les orages, les manifestations du calorique, de l'électricité et du magnétisme terrestre, mais encore sur la composition intime de l'air. En effet, moins il y a d'arbres ou de plantes, moins il y a d'absorption d'azote et d'acide carbonique et moins aussi de dégagement d'oxygène utilement et physiologiquement élaboré.

Il se trouve donc un excès d'azote dans l'atmosphère, et je ne m'étonne nullement que, tout récemment, M. Arago ait assuré que l'air contenait une quantité notable d'acide azotique dans la pluie tombée à Paris. Ceci se comprend très-bien ; de l'azote en surabondance, de l'oxygène dans l'air, de l'électricité par les orages, voilà bien de quoi composer de l'acide nitrique.

Je serais bien désireux de savoir si la pluie tombée dans les endroits où la vigne est malade, contient partout de ce même acide.

N'est-ce-pas par une perturbation analogue, que l'air qui vient d'être analysé par M. Frésénius, se trouve contenir un autre composé azoté, l'ammoniaque (azoture d'hydrogène). Il en existe même, dit ce chimiste, plus la nuit que le jour, puisque dans la journée, l'analyse lui a dé-

montré qu'il y avait 0,098 d'ammoniaque et après le cou-
cher du soleil, 0,169, ce qui donne pour moyenne, 0,133.

Toutes ces modifications dans la composition de l'air me
semblent avoir de l'influence sur les végétaux.

Relativement à ce qui produit la maladie de la vigne,
rien jusqu'ici n'a été établi d'une manière solide.

Aussi, ne doit-on pas trouver étrange, des suppositions
parmi lesquelles se rencontrera peut-être la réalité?

Or, voici ce que j'ai remarqué en continuant les expériences auxquelles je me suis livré sur les propriétés toxi-
ques des champignons.

C'est que cette année, les agarics et les bolets ont été
bien plus rares que les années précédentes; ce qui le prouve,
c'est leur cherté dans nos marchés, et les botanistes qui ont
fait des excursions ont pu voir que, non-seulement dans les
environs de Bordeaux, mais encore dans tout le département et ailleurs, ce défaut de reproduction a été observé.
Cette rareté de champignons volumineux ne serait-elle pas
la cause du développement exagéré de l'*oïdium*, de ces
taches rouilleuses et d'autres cryptogames qui ont altéré les
plantes?

La nature ne perd jamais ses droits; si elle perd d'un
côté, toujours elle gagne de l'autre. C'est ce qui peut-être
a eu lieu dans les phénomènes de la mycétologie.

Les animaux en s'entre-dévorant ne se multiplient et ne se
perpétuent-ils pas aux dépens les uns des autres? L'homme
lui-même, lorsqu'il vient à peupler un pays, ne voit-il pas
tous les animaux qui l'habitent disparaître, et l'homme en
les immolant, ne fait qu'obéir à cette loi qui exige que si
l'un gagne l'autre perde.

Je pense donc que les éléments que la nature avait consacrés aux grandes cryptogames, s'étant trouvé peu en har-

monie avec leurs lois germinatives habituelles, se sont por-
tés dans une autre direction, et ont augmenté considérable-
ment le nombre des petites espèces qui ont ainsi pullulé,
comme nous l'avons vu ; cette idée est peut-être assez sin-
gulière, mais il est des phénomènes qui paraissent étranges
au premier abord et deviennent cependant plausibles pour
peu qu'on y réfléchisse.

*Empoisonnement attribué à l'ingestion de raisins attaqués
par l'Oïdium Tuckeri.* — Les journaux de médecine, de
chimie, et grand nombre de journaux politiques, répètent
depuis quelque temps qu'*un* cas d'empoisonnement semble
avoir été occasionné par des raisins oïdiés. Et cependant
presque tous achèvent leur article en disant que c'est encore
le *seul* cas observé et que souvent, on a vu des personnes
manger des raisins couverts d'*oïdium* sans éprouver aucun
accident.

Ils ajoutent aussi que des animaux qui avaient avalé du
raisin malade n'avaient paru ressentir aucune incommodité.
Je puis affirmer pour ma part que j'ai fait des expériences
à ce sujet et que jamais je n'ai vu la mucédinée en question
être la cause du plus petit dérangement. A plusieurs repri-
ses j'ai mangé et j'ai vu manger des raisins frappés d'*oïdium* ou des autres maladies que j'ai signalées, et jamais ni
les autres, ni moi-même, n'avons rien éprouvé de fâcheux.
Seulement, le goût de champignon crû se fait fortement
sentir dès qu'on les met dans la bouche.

J'ajouterai qu'à Mérignac, un propriétaire avait conservé
du raisin couvert d'*oïdium* pour faire quelques essais et
qu'un tout jeune enfant en ayant mangé une assez grande
quantité, n'en eut pas le moindre dérangement.

Maladie du vin. — On a parlé depuis longtemps des maladies ou des altérations qui peuvent survenir naturellement

au vin. Assurément si l'*oïdium* avait été connu, on l'eût ac-
cusé à hauts cris, et je suis à me demander si cette croyance
une fois établie, il eût été possible de prouver que l'*oïdium*
n'était point le coupable. Je suis sûr que si aujourd'hui
certains vins étaient altérés sans cause connue et que le
raisin n'eût pas été malade, on imaginerait un *oïdium*
latent. C'est pour empêcher qu'on ne puisse peut-être ainsi
embrouiller encore plus la question de la maladie de la
vigne, que je parle ici des maladies du vin.

Comme on le sait, les maladies les plus communes, sont
celles connues sous les noms de *pousse* par laquelle une
fermentation tumultueuse dans le tonneau fait tourner le
vin à l'amertume ; la *graisse* par laquelle le vin se charge
d'une matière visco-oléagineuse ; l'*acide* ou développement
spontané de l'acescence ; l'*amer* où le mot indique assez la
saveur qui se développe ; la *fleur* ou végétations cryptogami-
ques qui surnagent. La verdeur et le fût.

L'*oïdium* donnera-t-il une maladie nouvelle du vin, c'est
ce que nous ne pouvons pas dire encore ; car si l'altération
du raisin est profonde, il se trouve entièrement desséché et
il est inutile de le mettre au pressoir ; dans le cas contraire,
il donnera du vin dont les résultats ne seront *bien connus*
que plus tard.

En 1852, la vigne n'est pas la seule plante malade dans
le département de la Gironde. A Eyzines, par exemple, les
pommes de terre (*solanum tuberosum*) ont été fortement
altérées par le *botrytis infestans ;* à Saint-Médard-en-Jalle,
les haricots (*phaseolus*), ont eu les gousses et les tiges cri-
blées d'urédinées, les grains avaient leurs vaisseaux hypertrophiés et étaient entachés de mucédinées d'une odeur et
d'une saveur désagréables ; au Bouscat, les melons (*cucu-
mis melo*) et d'autres cucurbitacées se sont sphacélées ;

dans les faubourgs de Bordeaux , la plupart des tomates (*lycopersicum esculentum*) ont revêtu spontanément des taches roussès qui en se ramollissant s'ulcéraient , se cariaient et gagnaient irrégulièrement l'intérieur du fruit et amenaient bientôt un putrilage complet ; les feuilles du charme (*carpinus betulus*) ont offert ailleurs une espèce de pellicule ou tissu blanchâtre , extrêmement abondant ; les groseilles (*ribes*) ont eu à souffrir de l'*erysiphe divaricata* ou mal blanc : les betteraves (*beta vulgaris-maritima*) ont été gênées dans leur développement par l'engorgement du système vasculaire ; sur les feuilles du peuplier, il a paru une sorte d'exsudation noire et goudronneuse ; d'autres observations me montrent qu'on a vu en plus grande abondance qu'à l'ordinaire , le *tacon* sur le safran , l'*elyciphile* sur le sucre, le *palmella prodigiosa* du Dr C. Montagne (*monas prodigiosa* du Dr Ehrenberg. — *Zoogalactina imetropha* du Dr Sette) sur certains aliments.

Il y a donc eu cette année un développement extraordinaire de cryptogames parasites.

IV.

Rapport sur les deux Mémoires suivants :

1° **Relazione intorno alla Malattia delle Uve**, dottore BER-
  TOLA , *relatore.* — (Torino , 10 Septembre 1851);

2° **Sulla Malattia delle Uve Istruzione popolare** , del Dottore
  BERTOLA. (Torino , 19 Luglio 1852);

*lu en séance de la Commission de la Maladie de la
Vigne, le 2 Décembre 1852, par le D.ᵣ* TH. CUIGNEAU,
rapporteur.

———◆———

MESSIEURS ,

J'avais été chargé par vous de l'honorable et quelque peu
difficile mission de vous rendre compte de deux Mémoires
que la sollicitude éclairée et pleine de ressources de notre
zélé Président de la Société Linnéenne (1) vous avait pro-
curés. Ces deux Mémoires , dûs au même auteur , ont été
publiés à dix mois de distance , l'un le 10 Septembre 1851,
le second le 19 Juillet 1852.

Tous deux se recommandaient à vous par le nom de
l'auteur , par la haute position de la Société , sous l'inspi-
ration de laquelle ils ont été faits , c'est l'Académie Royale
d'Agriculture de Turin ; tous deux enfin se recommandent ,
je puis bien le dire d'avance , par le soin extrême qui a été
apporté à leur confection.

Le premier est intitulé : *Relation de la Maladie des
raisins* , lu dans la séance extraordinaire du 10 Septembre

———————

(1) M. Charles Des Moulins.

1851, par le D.ʳ Bertola, au nom d'une Commission composée de MM. Cantu, Abbene, Prof.ʳ Dalponte, D.ʳ Joseph
Lessona, Bonaselli et Griseri, ces deux derniers chimistes.

Le titre seul, *Maladie des raisins*, vous indique déjà le
point de vue sous lequel après de minutieuses et longues
discussions, le rapporteur est venu se ranger. A cette époque
(Septembre 1851), déjà la maladie sévissait pour la seconde fois dans le Piémont, la sollicitude du Gouvernement
avait été éveillée, et, de tous côtés, rapports et communications affluèrent vers la Commission spéciale saisie de la
question. Les documents fournis par les diverses autorités
(Intendants des Provinces) de toutes les parties du royaume,
les communications officieuses dues à quelques personnes
zélées, les travaux de la Commission elle-même forment un
ensemble considérable, qui, à lui seul, constitue, à peu
de chose près, la première partie du Mémoire qui nous
occupe.

Je ne puis vous faire connaître en détail tous ces faits;
mais ce qu'il y a de plus remarquable, c'est que si dans ce
rapport, aux noms Italiens on substitue ceux des diverses
communes de la Gironde, à ceux des observateurs cités,
d'autres noms connus de vous tous, le rapport Italien
traduit en français pourrait, au moyen de cette mutation,
recevoir ce titre : *Relation de la Maladie du Raisin
dans la Gironde*. Ainsi, apparition, marche et développement de la maladie avec toutes ses variations, avec ses
contradictions et ses aberrations apparentes; opinions de
tout genre émises à ce sujet, moyens curatifs employés,
tout est semblable; il y a plus, tout est identique, et cela,
même dans des détails en apparence insignifiants. Pour ne
vous en citer qu'un, je vous rappellerai que dans une de
vos séances, on vous communiqua une feuille de *Plantago*,
qu'on présumait à sa coloration blanche être recouverte

d'*Oïdium Tuckeri;* le même fait, mot pour mot, s'était présenté aux commissaires de Turin (1).

Je reprends l'analyse du rapport.

Après avoir raconté l'apparition de la maladie en Angleterre (1845), où le jardinier Tucker la signale le premier, où le D.ʳ Berkeley détermine spécifiquement l'oïdium nouveau, son apparition en France (1850), où notre savant correspondant, le D.ʳ Montagne, la reconnaît à Suresne, M. Bertola rend compte des travaux de la Commission dans les territoires de Rivoli, de Moncalieri et de Pianozza. Il passe en revue rapidement les moyens employés et termine par ces rapports officiels dont j'ai déjà parlé.

Je me borne à faire deux remarques dans cette première partie.

1° En parlant de l'apparition de la maladie en Angleterre, M. Bertola rapporte (2) (et ces paroles imprimées entre guillemets indiquent que l'auteur les a extraites d'un ouvrage, je ne sais lequel) que M. Tucker, de Margate, reconnut la maladie sur la vigne cultivée dans les serres et *à l'air libre (all' aria libera).* Il me semble qu'on a négligé bien souvent de tenir compte de ce fait, et peut-être à tort, car, souvent on s'est appuyé sur la première partie seule de l'observation de M. Tucker; témoin M. le D.ʳ Bouchardat, qui dit (3) : *C'est dans les cultures des vignes forcées que le mal a pris naissance pour se répandre au dehors.*

2.º Parmi les moyens employés et signalés par M. Bertola, il en est un qui pour nous a acquis un certain degré d'intérêt, par suite de la communication que vous a faite

---

(1) D.ʳ Bertola; *Relazione intorno alla malattia delle uve*, p. 42.

(2) D.ʳ Bertola; *loc. cit.*, p. 3.

(3) Compte-Rendu des séances de l'Académie des Sciences; 1851, 2.ᵉ semestre, cité par le D.ʳ Bertola; *loc. cit.*, p. 61.

un des viticulteurs (1) du département que vous avez admis à vos réunions, je veux parler de la vapeur du soufre brûlant. Mentionné au commencement du rapport (2) en quelques lignes, cet agent reparaît plus loin (3), M. Cantu, président de la Commission de Turin l'ayant employé avec le plus grand succès : mais ajoute-t-il, *il demande la plus grande précaution.*

Il est bon de remarquer toutefois à ce sujet, que M. Bertola signale dans cette application du soufre, un fait que votre sous-commission avait elle aussi reconnu : c'est *le grand dommage qui en résulte pour les feuilles.*

Plus loin, M. Bertola blâme l'effeuillage immodéré de la vigne, comme moyen curatif. Or, l'inconvénient remarqué dans l'action de la vapeur sulfureuse, représentant un effeuillage d'une certaine espèce, peut-être doit-on attribuer à ce motif le silence que le savant rapporteur a gardé dans sa discussion générale sur ce procédé, qui ne se trouve ainsi cité que pour mémoire.

La seconde partie beaucoup plus importante que la précédente est la discussion de tous les faits déjà indiqués.

La description de la maladie, sa fréquence plus ou moins grande sur telles ou telles espèces ou dans telle ou telle exposition sont traitées en peu de mots et reproduites littéralement dans l'*Instruction populaire* dont je parlerai plus tard ; mais, tout d'abord, comme rapporteur, M. Bertola déclare que la maladie lui paraît extrinsèque, maladie du *raisin* et non de la *vigne,* due à la présence et au développement d'une production cryptogamique. Cette opinion est du reste appuyée et défendue par les professeurs *Savi* de Florence, *Gasparrini* de Naples, *Gaddi,* de Modène.

(1) M. de La Vergne, prop., à Macau.
(2) D. Bertola, *loc. cit.* pag. 8.
(3) D.r Bertola, *loc. cit.* pag. 53.

Non content de s'appuyer pour soutenir cette opinion sur les observations de la Commission et sur ces autorités illustres et certainement bien compétentes, notre auteur reprend une à une pour les réfuter toutes les opinions contraires.

C'est ainsi qu'il passe en revue les prétendues causes suivantes :

(*a*) L'action directe d'un principe miasmatique sur la peau du raisin (M. Roubaudi, de Nizza) ;

b. La désorganisation de l'épiderme (M. Orlandi) ;

c. Le défaut d'équilibre dans les fonctions vitales de la vigne, produit par quelques circonstances météorologiques ou géologiques (Commission de Gênes) ;

d. Les vicissitudes atmosphériques seules (M. Zumaglini) et les prétendues découvertes de ce même observateur, fesant de l'*Oïdium Tuckeri*, un *Acrosporium micropus* et annonçant un nouveau genre et une nouvelle espèce de champignon sous le nom de *Cacoxenus ampeloctonos ;*

e. Une altération primitive mais inconnue de la plante : cette opinion contraire à celle qui est généralement répandue en France, dit M. Bertola (1), appartient à M. le Dr Leveillé, et cependant ce même observateur, de même que M. Decaisne avoue n'avoir jamais observé que des lésions externes.

Près de cette théorie, se rangent celle de MM. les docteurs Ronca et Beccari, qui regardent la maladie de la vigne comme analogue à la pellagre et celle de M. Panizzi, qui est conduit à admettre un affaiblissement de la vitalité de la plante.

f. Enfin, un chimiste, M. Righini l'attribue à une réaction chimique du suc acide du raisin sur la matière azotée.

Notons encore que pour ce qui regarde l'*Oïdium Tuckeri*

---

(1) *Loc. cit.* page 38.

lui-même, M. le P. Savi a admis son identité avec l'*Oïdium*
Leuconium que notre savant cryptogamiste, M. Desmazières,
a reconnu en France sur une foule de plantes.

M. Bertola passe ensuite à l'examen de la facilité de reproduction de la maladie et à ce sujet, permettez-moi,
Messieurs de vous reproduire son opinion sur les spores :

» *Les semences de cette espèce* (d'Oïdium) *comme d'une*
» *infinité d'autres végétaux microscopiques, connus ou in-*
» *connus,* ¦*ont toujours existé et existent en tous lieux,*
» *suspendus dans l'atmosphère, se déposent sur tous les*
» *corps, mais ne se développent que quand elles se trouvent*
» *dans des conditions favorables* (1) ».

Cette opinion n'est pas du reste nouvelle et le savant M.
Dutrochet la formulait ainsi (2) : « Les moisissures, bys-
» sus, etc., doivent leur apparition au développement de
» germes invisibles répandus avec profusion dans la na-
» ture et n'attendant que des conditions favorables pour se
» développer » ; et plus loin : « Les moisissures ont des se-
» mences dont la ténuité est excessive, et qui, répandues
» dans l'air atmosphérique, contenues même peut-être dans
» les liquides animaux et végétaux, se développent sous for-
» me de thallus filamenteux, lorsqu'elles se trouvent envi-
» ronnées de conditions nécessaires à leur développement ».

Quant aux prétendues anomalies observées dans le développement de la maladie, sous le rapport de l'influence de
l'humidité et de l'exposition, M. Bertola fait voir par un
examen rigoureux que ces contradictions ne sont qu'apparentes et que toujours il y a une certaine humidité pour
expliquer l'apparition de l'*Oïdium*.

La maladie se présente-t-elle actuellement pour la pre-

---

(1) D.ʳ Bertola, *loc. cit.* pag. 43.

(2) Dutrochet ; *Sur l'origine des* ¦*moisissures,* in Ann. Sc. nat. 2.ᵉ
s.ⁱᵉ T. 1.

mière fois ? En réponse à cette question, M. Bertola rapporte avec doute d'après les docteurs Ronca et Beccari qu'elle aurait fait apparition dans le Montferrat en 1543 ; d'après M. Protati , en 1780 dans la Novarre. Une récente communication, que nous devons encore aux relations si étendues de notre Président est venue jeter quelque lumière sur cette question (1). Toutefois notons que , dès 1851 , M. Bertola s'exprimait ainsi (2) :

» Généralement, on admet que la maladie actuelle n'a
» pas existé de mémoire d'homme. Je n'en trouve aucune
» indication dans l'ouvrage classique d'agriculture de Rozier,
» ni dans celui plus récent et intitulé *Seul cours complet*
» *d'agriculture*, ni dans les autres ouvrages moins impor-
» tants que j'ai pu consulter dans le peu de temps que j'ai
» eu. Il me semble toutefois assez croyable que *cette mala-*
» *die a pu apparaître d'autres fois, mais partielle et inof-*
» *fensive et n'ayant que peu ou point de suite* ».

Examinant avec détail et par la voie de l'expérience les effets des raisins malades sur l'homme et les animaux , soit comme aliment , soit comme boisson , M. Bertola conclut à leur innocuité. Quant au produit, l'opinion de la Commission est des plus formelles. « Quant au vin (3), la Commission
» n'hésite pas à déclarer comme privée de fondement, la
» crainte trop généralement répandue et favorisée par quel-
» ques spéculateurs, que les qualités nuisibles du raisin en
» passant dans le vin ne devinssent la cause de maladies
» pestilentielles très-graves.

» Quand l'époque des vendanges sera arrivée , les grains

---

(1) Soc. Linn. de Bord. — Commiss. de la maladie de la vigne. — Séance du 18 Novembre 1852.
(2) Bertola, *loc. cit.*, pag. 48.
(3) Bertola, *loc. cit.*, page 51.

» gravement atteints de la maladie seront tout-à-fait secs et
» tomberont d'eux-mêmes, ou bien ils se détacheront faci-
» lement pendant l'opération de la récolte ; au contraire,
» ceux qui auront été plus tard atteints de la mucédinée,
» seront presque guéris et la fermentation détruira le reste ».

Du reste, parmi nous comme dans le Piémont, des craintes analogues s'étaient produites, et votre Commission a fait insérer à ce sujet, dans les journaux de la ville, une note identique aux conclusions de la Commission de Turin (1).

Quant aux animaux, l'innocuité de cette alimentation est encore la même ; elle est attestée par le rapport très-minutieux et très-circonstancié de M. Lessona, professeur à l'Etablissement royal de la Vénerie. On y trouve encore mentionné le fait curieux suivant (2) :

« Antoine Cambiano, du village appelé Madonna del Pi-
» lone, a préparé du verjus avec les raisins les plus oïdiés
» et y a fait macérer de petits pains d'épices....... Son fils
» aîné, atteint depuis une quinzaine de jours de fièvres
» tierces, mangea de bon matin sept de ces petits pains,
» but par-dessus une bonne dose de vin pur, et, dès ce
» moment, la fièvre disparut ».

Le savant rapporteur continue par l'examen des divers moyens curatifs employés : effeuillage, chaux, poudre de soufre appliqués par le procédé Gontier. Il expose en détail ce procédé, de même que celui de M. Duchartre déjà appliqué par M. Kyle, agriculteur anglais, et qui consiste dans l'arrosage avec de l'eau tenant en suspension de la fleur de soufre.

---

(1) Soc. Linn. de Bord. — Commission de la Maladie de la Vigne. — Séance du 31 Août 1852.

(2) Dott. Gius Lessona ; in Dᵣᵉ Bertola, *loc. cit.* page 54.

Seulement, remarquons avec MM. Bouchardat et Bertola, qu'on a donné à certains moyens curatifs une importance qu'ils n'avaient pas. La guérison de la maladie par elle-même, si je puis m'exprimer ainsi, c'est-à-dire, la disparition spontanée de l'oïdium est un fait avéré, et dès-lors, les moyens, pour être jugés, doivent être appliqués simultanément et dans les mêmes circonstances (1).

Et, pour le dire en passant, cette guérison spontanée n'est-elle pas la meilleure preuve que la maladie n'appartient pas à la vigne elle-même?

Je ne fais que mentionner la poudre de plâtre moins efficace que la chaux, la lessive de cendres, l'eau de goudron, reconnue utile par le jardinier de M. Rotschild, à Suresne, et moins heureuse entre les mains de M. Cantu, le labourage renouvelé, la taille courte.

M. Bertola conseille enfin la méthode de M. Pépin, célèbre horticulteur français, qui consiste dans la taille automnale, alors même que la vigne est couverte de feuilles et de fruits. C'était, du reste, la conclusion à laquelle était déjà arrivée la Commission de Gênes.

Enfin, et c'est la considération importante par laquelle M. Bertola termine son rapport, la maladie est-elle contagieuse? Notre Rapporteur est porté à croire qu'il n'y a propagation, transmission de l'oïdium ou des semences de l'oïdium que par la voie atmosphérique et qu'il n'y a de développement de ce même oïdium qu'autant que les spores se trouvent dans des circonstances favorables; car, ajoute-t-il (2), en définitive, « si l'oïdium peut exister sans lésion

---

(1) « Cette guérison spontanée peut avoir lieu en même temps » qu'on applique un remède quelconque, auquel, dans ce cas, on » attribue à tort l'amélioration obtenue ». D.r Léveillé, cité par M. Bertola, *loc. cit.* page 60.

(2) D.r Bertola, *loc. cit.*, page 62.

» de la substance du grain, on n'a pas vu de lésion existant
» ou ayant existé sans oïdium ».

Tel est, Messieurs, le résumé succinct et fidèle, je le
crois du moins, du premier Mémoire de M. le Dr Bertola.
Clarté d'exposition, méthode élégante de style, discussion
minutieuse, soignée, et surtout impartiale : telles sont à
mes yeux les qualités qui distinguent ce rapport éminemment remarquable et qui fait le plus grand honneur au
Rapporteur savant et zélé qui l'a rédigé, et à la Société dont
il a l'honneur de faire partie.

Le second Mémoire est, comme son nom l'indique, une
Instruction populaire, c'est-à-dire à la portée de tout le
monde, rédigée par le même Dr Bertola, et approuvée par
la Commission de l'Académie royale d'Agriculture du Piémont, dans sa séance du 19 Juillet 1852.

Cette instruction, très-succincte, est pour ainsi dire un
résumé du grand rapport de la Commission que j'ai analysé
précédemment ; il y a tout ce qui peut intéresser un propriétaire, un viticulteur, touchant la maladie de la vigne ;
rien de plus, rien de moins.

Seulement, tout en faisant des extraits textuels dans son
premier Mémoire, pour ce qui regarde par exemple la manière dont apparaît et se développe la maladie, M. Bertola
y ajoute la description qu'en a donnée un homme, dont
personne ne pourra décliner le savoir et la compétence, M.
Hugo Mohl.

Cette description des phénomènes m'a paru tellement
claire, que je ne puis m'empêcher de l'insérer dans mon
rapport (1).

---

(1) Ici se trouvait un extrait qui a été supprimé à l'impression, la
Commission ayant décidé que la traduction complète de l'*Instruction
populaire* serait jointe au présent Rapport.

Vous le voyez, Messieurs, cette description est claire,
précise, quoique minutieuse : c'est ce qu'a vu M. Bertola,
ce que vous avez vu, ce que tout le monde a vu parmi
nous. Ce qu'il y a de plus remarquable, c'est qu'à cet exposé pratique, en quelque sorte, M. Bertola a su joindre
la description véritablement scientifique de cette production
cryptogamique, afin que tout le monde pût bien savoir de
quoi il s'agit, et pût distinguer au moyen de caractères
spéciaux, la maladie actuelle d'autres altérations de la vigne,
telles que :

1.º Le développement extraordinaire de poils qui caractérisent spécialement certaines variétés de la vigne ;

2.º D'autres cryptogames, comme l'*Erineum vitis* ;

3.º D'autres altérations appelées en Italien *marino*, *brusarola* et qui correspondent aux effets que chez nous on
attribue à l'influence des *vents* dits *salés*.

Sans entrer dans la discussion approfondie des causes de
la maladie actuelle, M. Bertola résume très-succinctement
ce qu'il a déjà dit à ce sujet dans son premier Mémoire.
Ainsi, il regarde comme causes de la maladie actuelle des
variations atmosphériques tout exceptionnelles, qui ont
produit le développement extraordinaire des champignons
déjà indiqué. Quant à la supposition d'une maladie essentielle de la vigne, M. Bertola la rejette de toutes ses forces.

Passant en revue la série des autres causes, M. Bertola
en mentionne une qu'il n'avait pas examinée en 1851, c'est
la présence d'un *acarus*, regardé par M. Robineau-Desvoidy
comme l'origine de la maladie. Cette assertion remonte,
vous le savez, Messieurs, au Congrès scientifique d'Orléans.
Il n'est pas besoin de dire que M. Bertola la repousse en
s'appuyant sur les raisonnements exposés par M. Letellier.
A ces réponses, vous pourrez joindre les réflexions si judi-

cieuses et si élevées de votre savant correspondant de St-
Séver, M. Léon Dufour (1).

La maladie de la vigne n'est pas contagieuse, dit M.
Bertola ; c'est la conséquence nécessaire du point de vue
sous lequel il l'envisage. La dissémination des spores, d'une
part, la végétation plus luxuriante de l'autre : tels sont les
deux phénomènes qui caractérisent le fléau. Donc, toutes
les fois que des circonstances diverses viendront faciliter le
développement de l'un et de l'autre, l'affection, c'est-à-
dire, l'oïdium aura plus de chances de se développer.

M. Bertola énumère enfin les moyens curatifs employés ;
ainsi il reproduit la solution de sulfure de chaux, le lait de
chaux, les lessives de cendres, les solutions alcalines (alun,
bi-carbonate de potasse), l'eau de goudron. Mais en dehors
de ces agents, celui qu'il conseille comme le meilleur, c'est
le soufre en suspension dans l'eau, administré par le procédé Gontier. Comme prophylactique, il conseille à l'imita-
tion de M. Duchartre et de la Commission de Gênes, la
taille automnale et l'enlèvement de la vieille écorce.

Mais, encore une fois, répète M. Bertola (2), à la fin de
son mémoire, la maladie régnante est une maladie du *raisin*
et non de la *vigne*.

Le meilleur éloge que l'on puisse faire de cette instruction, Messieurs, c'est qu'elle remplit son titre : elle est
complète, elle instruit, et elle est à la portée de tout le
monde.

Ne serait-il pas bon, ne serait-il peut-être pas utile ;
toutefois en l'accompagnant des notes nécessaires, de la répandre et de la populariser ?

Quoiqu'il en soit, il ne me reste plus comme rapporteur,

---

(1) *Act. de la Soc. Linn. de Bord.*, t. XVIII, pag. 37.
(2) Bertola, *Istruz. popol.* pag. 12.

qu'à vous proposer, Messieurs, de vouloir bien prendre la résolution suivante :

« En raison de l'importance des travaux de la Commis-
» sion de l'Académie royale d'agriculture de Turin, en par-
» ticulier de ceux de M. le docteur Bertola, le Président de
» la Commission formée au sein de la Société Linnéenne
» de Bordeaux, est invité à écrire à M. Bertola, au nom
» de la Commission ; à lui tèmoigner tout l'intérêt que nous
» avons pris à ses belles et consciencieuses recherches ; à
» lui faire part de nos travaux ; à le prier de vouloir bien à
» l'avenir nous communiquer les résultats théoriques ou
» pratiques que l'on aurait obtenus dans le Piémont et
» les travaux auxquels la savante assemblée dont il fait
» partie, se serait livrée sur le sujet qui nous occupe ».

Telles sont mes conclusions, Messieurs, à l'égard de M. le docteur Bertola ; et si vous voulez bien les accueillir, il est bien entendu que ces relations ne pourront s'établir que quand notre Commission publiera le compte-rendu de ses travaux.

Mais auparavant, Messieurs, je viens vous prier d'ac-complir ce que je regarde comme un heureux devoir : c'est de voter de chaleureux remerciements à notre zélé Prési-dent (1), qui nous a valu cette bonne fortune, auquel nous devons d'avoir été initiés aux travaux italiens d'une si grande portée et d'un intérêt si puissant ; en même temps, je vous ferai remarquer que nous devons nous estimer d'au-tant plus heureux d'avoir eu ces communications, que M. Bertola s'exprime ainsi à propos du grand rapport de la Commission (2) :

« Cette relation, imprimée par ordre de l'Académie, mais

(1) M. Ch. Des Moulins, président de la Société Linnéenne.
(2) *Istruz. popol.* pag. 4.

» à un trop petit nombre d'exemplaires n'a pas pour ainsi
» dire été livrée à la connaissance du public ».

Plus heureux que la majeure partie des Piémontais, nous
avons pu en avoir connaissance ; mais par cela même ne
devons-nous pas être plus empressés à reconnaître le zèle,
et l'obligeance de celui à qui nous les devons ?

$D.^r$ TH. CUIGNEAU , *rapporteur.*

La Commission de la maladie, dans sa séance générale du 2 Décembre 1852, a adopté les conclusions de ce rapport.

Le Secrétaire rapporteur de la Commission,

CH. LATERRADE.

SULLA MALATTIA DELLE UVE

ISTRUZIONE POPOLARE,

DEL SOCIO ORDINARIO

Dottore V. F. Bertola,

approvata della Commissione della R. Accademia d'Agricoltura nella seduta del 19 Luglio 1852.

INSTRUCTION POPULAIRE

SUR LA

MALADIE DES RAISINS

Par le docteur BERTOLA;

traduit de l'Italien par le D.r Th. Cuigneau, membre de la Société Linnéenne.

Si la maladie des pommes de terre, devenue depuis quelques années générale en Europe, n'a pas épargné notre pays, celui-ci du moins (plus heureux que bien d'autres, dont la principale subsistance consiste dans ce produit) n'en a pas éprouvé un grand dommage ; il n'en est pas de même de la *maladie des raisins*, qui a envahi la presque totalité de nos vignobles dans la déplorable année 1851, et qui de nouveau vient aujourd'hui infester nos vignes. En effet, on peut bien dire que le vin est un objet de première nécessité pour le Piémont, mais il peut encore, sans aucun doute, devenir un objet de commerce très-lucratif avec l'étranger, pourvu que l'on emploie de bonnes méthodes de fabrication.

Cette maladie, dont la première apparition en Europe date de 1845, avait été pour moi l'objet d'une notice que j'avais insérée dans le *Répertoire d'Agriculture* de M. Ragazzoni (cahier de Novembre 1850). J'avais recueilli et examiné les diverses notices qui étaient parvenues à ma connaissance et je gardais la salutaire confiance que la maladie n'aurait pas franchi les Alpes, cette barrière imposée par la nature pour la défense de notre belle Italie. Mais ce funeste fléau est venu deux années consécutives donner, pour ainsi dire, un démenti à ma trop grande sécurité, en infestant tous nos vignobles et se propageant en quelques lieux avec une épouvantable rapidité.

Dans une aussi grave occurrence, le Ministre de l'Agriculture et du Commerce a invité l'Académie royale d'Agriculture à étudier les caractères et la marche de la maladie, ainsi que les moyens jugés utiles pour la réprimer. A cet effet, l'Académie nomma de suite dans son sein une Commission dont les membres visitèrent avec sollicitude plusieurs vignobles, situés à peu de distance de cette capitale, dont les uns n'offraient rien d'extraordinaire et les autres furent reconnus infectés de la maladie.

Le même Ministre invita aussi les Intendants des provinces, tant de la Terre-Ferme que de la Sardaigne, à lui transmettre avec le plus grand soin les renseignements qu'ils auraient acquis sur la maladie régnante. Les administrations publiques et aussi quelques particuliers animés de l'amour du bien public, répondirent à ces invitations. Ces documents étaient transmis par le Ministère à M. Cantu, et c'est de ce dernier que je les tenais; car, la Commission m'avait confié la charge honorable et pénible de les examiner tous et avec la série des observations faites par la Commission d'en rédiger une relation complète.

Pénétré de la haute importance et des difficultés de la

charge qui m'était confiée, je ne m'épargnai aucune peine pour que mon travail ressortît aussi complet que le permettaient le peu de temps que j'avais à y consacrer, les vives instances du Ministre pour sa soigneuse exécution et l'époque déjà avancée de la saison.

Cette relation, imprimée par ordre de l'Académie, mais à un trop petit nombre d'exemplaires, n'a pas, pour ainsi dire, été livrée à la connaissance du public. Il en est de même de l'Appendice à cette relation, que je fis insérer dans le N° de Juin 1852 du même *Répertoire*. On connaissait encore moins les diverses notices ayant trait à l'objet de cette discussion et qui furent postérieurement publiées dans divers journaux d'Agriculture et d'Horticulture de France.

Durant ce temps, la fatale maladie s'est répandue de nouveau dans un grand nombre de localités et semble devoir prendre un accroissement notable, sans qu'on puisse avoir recours aux divers moyens curatifs dont on a constaté l'efficacité dans d'autres pays, mais dont nous n'avons ici qu'une idée vague et confuse. C'est ainsi que quelques individus ont eu recours au funeste expédient de couper les ceps sur lesquels les raisins étaient recouverts d'une poussière blanche, regardée par eux comme l'effet de la maladie de la vigne elle-même.

Il y a plus, et beaucoup avant la véritable et réelle apparition de la maladie avaient crié à une nouvelle invasion, fondée sur de fausses apparences.

Pour tous ces motifs, j'ai conçu la pensée de faire connaître en termes adaptés à l'intelligence la plus ordinaire et en laissant de côté toute discussion scientifique, les caractères de la maladie, et les moyens les plus avantageusement pratiqués pour la guérir ou l'empêcher.

Dans le courant de l'année 1851, on ne connut que tard,

par une heureuse inexpérience, l'invasion de la maladie,
qui, dans quelques localités, semble s'être manifestée à la
fin du mois de Juin, dans d'autres au commencement
d'Août, et dans le plus grand nombre de lieux à la fin de la
première quinzaine de Juillet.

L'Académie d'Agriculture n'en eut connaissance officielle
que vers le mois d'Août, c'est-à-dire, quand la maladie
avait fait déjà d'effroyables progrès, de telle sorte que la
Commission nommée à cet effet, n'a pu reconnaître les
premiers signes du mal d'après des renseignements vagues
et insignifiants, les seuls que pouvaient donner des viticulteurs dont l'attention ne s'était pas portée sur ce nouveau
danger. Et comme, néanmoins, ce sont les premiers symptômes de la maladie qu'il importe de connaître, afin de
pouvoir chercher le remède d'après la maxime : *Principiis
obsta*, nous pensons devoir rapporter ici ce qu'en a écrit le
célèbre botaniste allemand, M. Hugo Mohl.

« Sur l'écorce verte des rameaux de l'année, on remarque
» des points, où la production cryptogamique commence à
» végéter et que l'on peut reconnaître à une altération lé-
» gère dans la couleur normale primitive. A cette époque,
» le champignon consiste en un petit nombre de filaments,
» excessivement ténus, visibles seulement avec le secours
» d'une bonne lentille, et qui forment par leur réunion sur
» la surface de l'écorce un réseau irrégulier semblable à une
» toile d'araignée. Dans les places indiquées, qui ont le
» plus souvent une ligne de diamètre, l'écorce présente une
» teinte plus obscure. Plus tard, avec les progrès du mal,
» ces taches s'étendent, deviennent confluentes et prennent
» la couleur brune du chocolat.

» La maladie insignifiante quand elle est limitée aux
» jeunes rameaux, ne serait pas plus dangereuse quand les

» feuilles seraient attaquées : mais il n'en est plus de même
» quand les fruits viennent à en être atteints ».

Voilà ce que dit M. Hugo Mohl : pour ce qui est de la
période dans laquelle les grains sont attaqués, je préfère la
description contenue dans la relation citée plus haut et qui
est plus circonstanciée.

Il apparaît en commençant, sur les grains, une tache
gris-brunâtre, presque ronde, velue : plus tard, tout le
grain se recouvre d'une efflorescence excessivement fine,
cendrée, visible à quelque distance et présentant l'aspect
d'une poussière analogue à celle dont sont couvertes, en
Été, les plantes situées le long des chemins et exhalant une
odeur désagréable de moisissure ou, selon quelques-uns,
de poisson corrompu. Cette efflorescence disparaît au bout
de quelque temps et est remplacée par une petite tache
colorée en brun, qui s'étend aux pédicelles et à la tige de
la grappe elle-même.

Si le raisin est affecté de la maladie quand il commence
à se former, il se dessèche et tombe, et quand la majeure
partie des grains d'une grappe en est affectée, les mêmes
effets arrivent au bois et aux pédicelles.

Si les grains sont atteints de la mucédinée quand ils ont
acquis environ la moitié de leur grosseur normale, ils persistent sans grossir davantage et éclatent suivant leur longueur, attendu que l'épiderme ne peut obéir à la distension
du parenchyme qui continue de croître ainsi que les pépins
dont le volume fait des progrès jusqu'à un certain point et
qui restent à nu. Peu à peu le grain se crispe, se dessèche,
son épiderme prend une couleur olivâtre avec quelques
petits points brunâtres, et il s'endurcit comme du parche-
min. Quelques grains moins malades arrivent à maturité,
mais déformés et plutôt charnus que succulents. Au contraire, dans beaucoup de cas, les grains se dépouillent

rapidement de cette efflorescence, leur couleur verte reparaît nette et brillante et ils continuent de croître jusqu'à maturité.

Si le raisin a été plus tardivement atteint de la maladie, c'est-à-dire, quand les grains ont acquis presque tout leur développement, l'action des cryptogames n'est plus assez puissante pour l'empêcher de mûrir et d'acquérir sa grosseur accoutumée, lors même que la grappe serait fortement endommagée.

Tous ces divers degrés de la maladie se sont présentés dans le courant de cette année, dans le même vignoble, dans la même rangée de pieds, quelquefois même sur la même grappe. Rarement tous les pieds d'une même rangée ont été affectés ; le plus souvent, le mal a procédé par sauts et à côté d'un pied dont tous les fruits étaient perdus, on en voyait un complètement sain. Les feuilles, surtout les plus jeunes, présentaient parfois sur leur surface supérieure, cette même toile, qui disparaissait facilement au moindre frottement.

La mémoire des pertes éprouvées par nos agriculteurs les a rendus cette année prudents et même soupçonneux au point de croire à l'existence de la maladie alors même qu'il n'y en avait aucun vestige. A cet effet, j'ai fait insérer dans la Gazette officielle du royaume une courte note tendant à dissiper des craintes sans fondement et de plus j'ai examiné avec soin un grand nombre de rameaux envoyés par divers propriétaires de vignobles et porteurs de cette altération à trompeuse apparence.

Dans quelques variétés de la vigne, on voit en effet sur les jeunes rameaux ou sur la face inférieure des feuilles une multitude de poils blancs, ce duvet est excessivement épais sur les feuilles les plus tendres, il devient plus rare à me-

sure que la feuille se déploie et à cet état, on l'a confondu
avec le maudit champignon.

Sur la face inférieure des feuilles de vigne, on voit encore
certaines taches très-épaisses, circonscrites, déprimées correspondant à une élévation de la face supérieure d'un blanc
rosé, devenant roussâtre ou couleur de rouille en automne.
Ces taches regardées par quelques-uns comme un principe de
maladie sont dues à une espèce de cryptogame microscopique parasite différent de l'*Oïdium*; c'est l'*Erineum vitis* qui
ne cause aucun dommage ni à la vigne, ni aux raisins, pas
même aux feuilles si ce n'est aux points où il se développe.

Quelle que soit la tache ou l'altération dont soient atteints
les fleurs, les feuilles, les fruits ou telle autre partie de la
plante que ce soit, et de laquelle ils ne peuvent se rendre
raison, nos paysans lui appliquent la même dénomination
de *marino* comme aussi ils nomment *marino* la maladie des
vers-à-soie; enfin cette même dénomination a été donnée
par eux à la nouvelle maladie du raisin ne tenant en ceci
nul compte de la production cryptogamique parasite ou bien
assimilant cette efflorescence à la moisissure, qui naît sur
les raissins pourris dans les années trop pluvieuses.

La vigne comme tout autre produit peut être affectée de
cette maladie qu'on nomme *nebbia* ou *marino* ou *Brusarola*
et dans le courant de cette année, il m'est arrivé de voir de
nombreuses vignes et même un vignoble entier complètement dévasté par ce fléau sans l'apparence d'aucun vestige
de cryptogame.

Aussi, pour éviter de graves équivoques, je vais donner
en termes les plus simples les plus faciles à comprendre
une description du champignon parasite microscopique qui
constitue la cause et le signe le plus apparent de la maladie.

Tout le monde connaît les moisissures qui naissent sur
les substances animales ou végétales abandonnées à elles-

8

mêmes dans un lieu humide. Ces moisissures sont des champignons microscopiques composés de filaments très-grêles,
ordinairement très ténus (de telle sorte que le moindre
frottement les détruit) parfois simples, le plus souvent
rameux, distincts ou entrelacés et d'une couleur blanche ou
roussâtre, jaunâtre ou noirâtre. Ces fils forment ce qu'on
appelle le *Mycelium*, c'est-à-dire, le corps du même champignon.

Les botanistes ont distribué ces plantes en divers genres
dont chacun comprend un certain nombre d'espèces. Le
mycelium de la mucédinée dont nous parlons consiste dans
des filaments sub-articulés presque cylindriques, un peu
ramifiés, d'une couleur blanc roussâtre, d'une odeur nau-
séeuse, naissant sur la surface de la peau des raisins ou
bien de l'épiderme des parties vertes de la vigne et présente alors l'aspect d'une toile d'araignée.

La fructification de cette espèce, rapportée par les Botanistes au genre *Oïdium* et distinguée spécifiquement par
l'épithète de *Tuckeri*, du nom de celui qui l'a signalée le
premier, consiste dans des filaments issus du mycelium dont
nous venons de parler, et longs de $\frac{1}{5}$ ou $\frac{1}{6}$ de millimètre.
Ces filaments sont dressés, ascendants, renflés à leur extrémité en forme de clou, cloisonnés dans l'intervalle; la
dernière de ces cloisons forme l'organe appelé *sporange* qui
est comme le fruit dans lequel sont renfermées les *Sporidies* ou séminules.

Ces sporidies de forme elliptique et d'une longueur qui
ne dépasse pas 0,351 de millimètre, peuvent être transpor-
tées par le vent à de très-grandes distances ; en tombant sur
les parties les plus tendres de la vigne . ils deviennent l'origine d'un nouveau mycelium et propagent ainsi la maladie.
Le champignon s'alimente au moyen des sucs du raisin,
jusqu'à ce que celui-ci desséché, crevé et devenu comme

ligneux ne puisse plus lui fournir de nourritnre, et finale-
ment ce mycelium se trouve détruit. Le professeur Brignoli
croit que la durée de la vie de ce champignon depuis sa
première apparition jusqu'à sa disparition complète, ne dépasse dix à douze jours.

En faisant attention à cette description de la production
cryptogamique, funeste cause de la maladie spéciale des
raisins, on évitera de la confondre avec les autres affections
morbides qui affectent la vigne.

Les poils longs et gros qui recouvrent uniformément l'é-
piderme de la face inférieure et non de la face supérieure
des feuilles, se distinguent facilement de cette toile ténue et
si fine qni se trouve principalement sur la face supérieure
et qui s'enlève au moindre frottement. Plus facilement encore on distinguera l'*Erineum vitis*, qui jamais ne vient
sur les fruits. Enfin les raisins frappés de *marino* ou de
Brusarole restent flétris, roussàtres et secs, mais sans induration et surtout sans se recouvrir en aucun moment de
cette efflorescence blanche douée d'une odeur *sui generis*.

Les renseignements transmis au Ministère de l'Agriculture et du Commerce des diverses parties du royaume,
sont d'accord pour attribuer la cause de la maladie qui a
sévi cette année aux pluies extraordinaires des mois de Mai,
Juin et Juillet, au froid des nuits succédant à la chaleur
des jours, aux vents du midi, anx brouillards extraordinaires. Ils s'accordent encore à reconnaître que si des raisins dont le parenchyme n'était pas encore gâté, ont fait
des progrès sensibles vers leur guérison, ces effets sont
dûs à la cessation des pluies, et aux journées chaudes et
sereines qui ont succédé à des jours nébuleux. Enfin ils
s'accordent aussi à reconnaître unanimement l'existence de
la production cryptogamique sur les raisins malades. Quelques-uns ont voulu que ce champignon et le dépérissement

du raisin qui le suit, ne fussent que l'effet d'une maladie de
la vigne elle-même ; mais dans cette hypothèse , il serait
parfaitement inutile d'appliquer un remède sur les raisins
malades.

Il est vrai que quelques écrivains honorables, pensant que
la maladie a sa cause dans un état de langueur et de débi-
lité de la plante , ont conseillé de lui donner une bonne fumure ; la fausseté de cette hypothèse est démontrée et par
la relation déjà mentionnée et par l'appendice qui l'a suivie
et surtout par l'observation du grand développement des
branches de vignes et l'abondance extraordinaire des raisins
que l'on a remarqué cette année.

La supposition d'une infection de la vigne causée par la
plante parasite ne subsiste pas non plus , puisque la constitution ligneuse du sarment ne peut être endommagée par
la végétation toute superficielle de la mucédinée. La moëlle
saine et blanche durant l'accroissement du bois, jaunit et
se dessèche à mesure que celui-ci mûrit, absolument comme dans les temps ordinaires. Quant à la supposition d'une
dégénérescence de la sève , la Commission de Lyon s'est
assurée que ce liquide conserve son caractère normal d'aci-
dité.

M. Robineau-Desvoidy dans un mémoire adressé à l'Académie des sciences de Paris a attribué l'origine de la maladie de la vigne à un insecte du genre *Acarus*. M. Letellier
a immédiatement combattu cette assertion en soutenant
que l'*Acarus* coincide fortuitement avec le champignon parasite , mais qu'il peut exister sans la maladie de la vigne.
D'ailleurs , l'époque de l'invasion de l'insecte serait d'après
M. Robineau-Desvoidy aux mois d'Août et de Septembre ,
tandis que la maladie de la vigne commence à paraître bien
avant.

La maladie de la vigne ne paraît pas être contagieuse ,

car on a vu des raisins demeurer très-sains quoiqu'ils fussent en contact immédiat avec des raisins malades. La diffusion de la maladie dans un même vignoble dépend de l'influence générale de la cause productrice, c'est-à-dire, de la diffusion de l'*Oïdium*.

Cette année, l'invasion et l'extinction de la maladie paraissent plus promptes et plus rapides en raison des circonstances atmosphériques éminemment favorables à la végétation de la vigne. Je ne puis dire qu'une exposition plutôt qu'une autre, que les lieux bas plutôt que les places élevées, que les raisins couverts plutôt que ceux qui sont exposés au soleil et aux vents en soient exempts ; je dirai seulement : la dispersion des cryptogames s'est faite au hasard. Les pluies violentes qui paraissaient propres à arrêter les progrès de la maladie, ont semblé au contraire parfois les favoriser. — Le champignon microscopique se nourrit des sucs du raisin, c'est pourquoi l'atmosphère sèche ou humide n'a qu'une légère influence sur sa végétation. — Sa diffusion semble dépendre uniquement de la direction des vents qui transportent çà et là les semences de l'*Oïdium* répandues dans l'atmosphère. Celles-ci germent de préférence sur les raisins à peau tendre, et c'est pour cela que les raisins à peine formés se désorganisent et tombent. Quelle sera la terminaison de ceux qui jusqu'ici sont restés intacts ? Tout porte à croire qu'au lieu de la richesse extraordinaire de nos vignes, nous ne retirerons qu'une récolte presque nulle.

La maladie des raisins sera-t-elle passagère ou bien ravagera-t-elle encore longtemps nos vignobles ? Quels seront les moyens à pratiquer pour s'opposer à une nouvelle invasion ou à son influence permanente ? Il est assez difficile de donner à toutes ces questions une réponse satisfaisante. L'avenir est plein d'incertitudes pour les botanistes qui ont sérieusement étudié la maladie et observé ses épouvantables progrès. Divers moyens ont été employés et ce semble avec succès dans les serres et les espaliers où la maladie s'était montrée dans le principe et se développait plus fortement. Mais ils sont d'une application difficile dans les grands vignobles quand la maladie y a pris une extension considérable.

A la première apparition de la maladie, on taille et on brûle les rameaux et les raisins infectés. Si malgré cela, la maladie fait des progrès, il ne reste plus qu'à laver et à asperger avec une des substances suivantes dont l'expérience a démontré l'efficacité.

1.° Solution aqueuse de sulfure de chaux, préparé de la manière suivante :

Prenez : Chaux hydratée. . . . . . Une partie.
           Fleur de soufre. . . . . . Une partie.
           Eau. . . . . 20 parties.

On fait bouillir le tout dans un pot de terre ou de fer, et on passe après, au travers d'une toile, la solution ainsi faite de sulfure de chaux.

2.° Chaux récemment éteinte et dont on fait un lait avec vingt parties d'eau commune.

3.° Cendres dissoutes dans dix parties d'eau.

4.° Alun du commerce, ou sous-carbonate de potasse dissout dans seize parties d'eau.

5.° Eau de goudron, préparée de la manière suivante : on place au fond d'un vase de 8 à 10 litres, une couche de goudron de 2 millimètres de hauteur. On remplit le vase d'eau, on agite de temps en temps et on le laisse reposer vingt-quatre heures. En renouvelant l'eau, le résidu du goudron peut servir pendant un mois. Les aspersions doivent être renouvelées tous les deux jours jusqu'à la disparition complète des parasites.

Mais le remède le plus généralement efficace consiste dans l'aspersion de la fleur de soufre, opération faite de la manière suivante :

Un ouvrier commence, au moyen d'une seringue de jardin, par baigner, avec de l'eau pure, les rameaux, les feuilles, les grappes infectées ; il doit tenir l'instrument obliquement de manière à baigner de bas en haut en allant de droite à gauche, puis de haut en bas en allant de gauche à droite. Un autre ouvrier exécute l'aspersion du soufre immédiatement après le passage du premier, au moyen d'un soufflet spécial (dont il existe un modèle à l'Académie Royale d'Agriculture) et qu'il doit faire agir comme il a été dit pour l'aspersion de l'eau. La fleur de soufre pénètre sous forme de nuage dans tous les interstices et s'attache à toute la superficie baignée. En faisant l'opération de bon matin, alors que les pampres sont couverts d'une rosée abondante, on peut faire une bien moindre aspersion d'eau. L'ouvrier devra prendre les précautions nécessaires pour garantir ses yeux de la poudre qui pourrait lui occasionner une ophthalmie.

Quand le soufre a produit son effet, les pluies ou les vents, suivant le temps, enlèvent à la fois le soufre et le champignon, de sorte que le raisin reste net et luisant, pourvu que l'opération n'ait pas été faite trop tard, c'est-à-dire, dès que la peau du raisin a été tachée par le champignon destructeur.

De tous les moyens recommandés pour préserver la vigne d'une nouvelle invasion de la mucédinée, la taille automnale paraît être la plus efficace. Il convient aussi d'enlever la vieille écorce sur laquelle pourraient se conserver les semences de l'oïdium, et aussi de transporter ailleurs les couches superficielles de la terre, qui supportent la plante. La peine sera largement récompensée quand on aura réussi à détruire les générations futures de ces parasites. Peut-être aussi serons-nous servis par un hiver rigoureux. Rappelons-nous seulement que la maladie régnante est une maladie *du Raisin* et non de la *Vigne*, d'où il suit que couper les ceps de vigne, ne peut que faire tort et c'est pour cela aussi que la science ne peut donner son approbation aux incisions pratiquées sur le tronc.

NOTES.

1.º Le Professeur Savi a trouvé que l'*Oïdium Tuckeri* est identique avec l'*Oïdium Leuconium*, qui de temps immémorial se montre sur diverses plantes en Italie et en France, comme l'a observé Desmazières.

2.º Le sieur Gontier, inventeur de l'application du soufre, dont nous avons parlé, voulant reconnaître si l'effet de cet agent était promptement produit, a lavé, deux heures après l'aspersion, les parties malades et couvertes de soufre. L'eau a entraîné le soufre et avec lui les cryptogames, qui n'ont plus reparu depuis.

3 Septembre 1852.

*D.*ʳ Th. Cuigneau.

VI.

DOCUMENTS RELATIFS A LA MALADIE DE LA VIGNE EN TOSCANE.

Un de nos compatriotes, qui est en même temps propriétaire de vignobles considérables dans la plaine de Pise, M. le comte Alexandre de Bony, a bien voulu me promettre de procurer à la Commission des détails circonstanciés sur la marche de la maladie en Toscane. Cette promesse fut accueillie avec reconnaissance, et, sur le point de terminer sa session de 1852, la Commission m'autorisa, lorsque ces documents curieux et neufs pour la France, me parviendraient, à les présenter à la Société Linnéenne pour être joints à notre publication de cettte année.

M. le comte de Bony vient d'accomplir l'engagement qu'il avait pris avec tant d'obligeance.

Il a mis à ma disposition deux lettres qu'il a reçues, en réponse aux questions catégoriques qu'il avait posées, l'une de Mgr. Della Fantaria, administrateur de l'archevêché de Pise, l'autre de M. Pardocchi. Notre collègue M. le docteur Th. Cuigneau, qui a déjà si bien traduit les documents piémontais, a bien voulu se charger encore de la traduction de ces deux lettres.

En outre, un travail d'ensemble sur la maladie de la vigne en Toscane, par M. le docteur Cuppari, et un discours sur le même sujet, par M. le marquis C. Ridolfi, l'une des premières notabilités scientifiques de l'Italie, ont été adressés à M. le comte de Bony pour être offerts à l'Académie des Sciences de Bordeaux. L'Académie, en me chargeant de lui présenter l'analyse de cette brochure publiée en 1851, m'a permis d'enrichir le Compte-rendu de

la Commission, des faits importants qu'elle pourrait mentionner. C'est encore M. le docteur Th. Cuigneau qui a
bien voulu en rédiger l'extrait.

Je dispose ces quatre pièces d'après l'ordre de leurs
dates.

Bordeaux, le 15 Février 1853.

Le Président de la Société Linnéenne.

CHARLES DES MOULINS.

N.º I. — *Rapport sur les recherches faites touchant
la maladie du raisin, par le Professeur* P. CUP-
PARI (1).

(ANALYSE par M. TH. CUIGNEAU, *D. M.*).

Après avoir déclaré dans un court préambule que la
maladie est actuellement (3 Août 1851) dans son plus grand
degré de développement et que son histoire ne pourra être
complète que quand la vigne aura accompli toutes les pha-
ses de sa végétation, M. Cuppari divise son travail en 8
paragraphes distincts dont je vais donner les titres et de
courts extraits.

§ I.er « *Provenance de la maladie* ».

Rappelant l'apparition du fléau en Angleterre, en Belgique et en France, l'auteur caractérise ainsi son apparition
en Toscane : « Établir d'une manière certaine et rigoureuse
» l'ordre chronologique suivant lequel les diverses parties

---

(1) *Relazione delle Ricerche fin qui praticate interno la dominante
malatia dell'uva, del Prof.* P. Cuppari. — Firenze; Tipografia Gali-
leiana. — 1851.

» de la Toscane ont été envahies , me paraît non-seulement
» difficile , mais impossible ; tout ce que je puis affirmer
» avec quelque fondement, c'est que des nombreuses vallées
» affluentes de l'Arno , les plus voisines de l'embouchure
» de cette rivière , ont été attaquées les premières (1) ».

§ II. « Cause prochaine de la maladie ».

« La cause qui apparaît au premier abord comme pro-
» ductrice de la maladie de nos vignobles, consiste dans un
» champignon microscopique qui se développe assez abon-
» damment sur les diverses parties de la vigne...... Ce pa-
» rasite ne s'attaque-t-il à la vigne que parce que celle-ci
» est malade , ou bien l'envahit-il à l'état sain ? (2) » A
cette question si importante , M. Cuppari répond que si les
agriculteurs Français et Anglais ont admis la première hypothèse , pendant que la maladie se développait avec vio-
lence dans les cultures forcées de Margate ou de Paris , par
contre, son apparition et sa progression dans un climat pri-
vilégié comme celui de la Toscane , le portent à croire
« qu'un observateur logique ne pourra en aucune façon
» supposer gratuitement un état morbide de la vigne préexis-
» tant au développement du champignon (3) ». Au travail
que j'analyse , le savant professeur Savi , a joint une note
qui, pour lui, prouve l'identité de l'Oïdium Tuckeri (Berk.),
avec l'Oïdium leuconium (Desmaz.) , et il modifie ainsi la
description de cette espèce : « Sporanges caducs, s'ouvrant
« par une fente longitudinale, disposés en couronne à
» l'extrémité de rameaux articulés , dressés , provenant d'un

---

(1) P. Cuppari ; Relazione , etc. p. 4.
(2) Id. loc. c. p. 4.
(3) P. Cuppari, loc. cit., p. 5. — Comparez D.r Bertola ; Istruz-
popol.— D.r Bertini ; Rapport au Congrès scientif. de Toulouse (Sep-

» *mycelium* à filaments excessivement ténus , étendus sur
» la cuticule de plantes vasculaires vivantes (1) ».

§ III.— « *Siége de la maladie* ».

Il résulte des observations de M. Cuppari que l'*Oïdium*
attaque de préférence les organes les plus jeunes de la
plante. « Le cryptogame préfère les grains de raisins , et
» sur les feuilles il s'établit plus facilement sur la face
» inférieure........ J'ai observé que le champignon envahit
» d'abord la grappe , puis le rameau , puis le drageon , les
» plus petites des feuilles , et enfin les deux faces de ces
» dernières (2) ».

§ IV.— « *Succession des phénomènes, et altérations organiques* » *produites par la maladie* ».

Cette série de faits observés par le professeur Toscan est
malheureusement la même que celle que nous avons trouvée
reproduite par tous les expérimentateurs , et pour les feuilles
et pour les fruits. « Si l'on jette un coup-d'œil sur l'influence
» que la présence du cryptogame exerce sur l'ensemble des
» fonctions organiques de la vigne , il est impossible de ne
» pas concevoir quelque crainte touchant les perturbations
» que cette présence doit nécessairement amener dans l'éco-
» nomie entière de ce premier végétal ; et cela non pas tant
» par la soustraction des sucs nourriciers qu'opère l'*Oïdium*
» que par la diminution dans les fonctions assimilatives des
» parties vertes et principalement des feuilles affectées » (3).

---

tembre 1852).— *Lettres de Mgr.* DELLA FANTERIA (Décembre 1852),
et de *Mgr.* PARDOCCHI (Janvier 1853).

(1) P. Cuppari ; loc. cit. p. 20.— Comparez avec cette description ,
celles du Rév. Berkeley , et celle du D.ʳ C. Montagne.

(2) P. Cuppari , loc. cit. p. 7.

(3) P. Cuppari , loc. cit. p. 8.

§ V.— « *Circonstances qui semblent modifier la marche de la maladie* ».

« Comme ses congénères, le champignon qui nous occupe
» a besoin, pour se développer, d'une chaleur modérée
» accompagnée d'un peu d'humidité et d'air peu renou-
» velé » (1). Cette observation a reçu en Toscane, comme
en France et en particulier dans la Gironde, de nombreuses
exceptions. Toutefois, « dans les terrains légers, les vignes
» ont été beaucoup plus endommagées que dans les terres
» compactes. Peut-être faut-il attribuer ce développement
» de la maladie, à l'ombrage plus grand que les ceps reçoi-
» vent dans le premier cas, et des pampres et du feuillage
» des arbres où la vigne s'attache » (2). De cette façon, se
trouveraient d'ailleurs réunies les trois conditions de végétation mentionnée plus haut. La même divergence s'est
aussi présentée dans les divers cépages, bien qu' « en géné-
» ral, les blancs aient été plus maltraités (3) ». Quant aux
vicissitudes atmosphériques, la chaleur sèche a paru contrarier la multiplication du champignon, que semblait, par
contre, favoriser la chaleur humide. Quant aux pluies, « il
» est vrai », dit notre auteur, « qu'elles emportent les
» sporanges des grappes qu'elles lavent; mais elles respec-
» tent le *mycelium*, qui sous l'influence de l'humidité plus
» grande, qui succède aux pluies, donne lieu aussi à une
» reproduction plus abondante (4) ».

§. VI. — « *Effets produits sur les animaux qui se nourrissent de pampres ou de raisins altérés par la maladie* ».

L'Oïdium est-il vénéneux? A cette question, M. Cuppari
répond par la voie de l'expérience; il a fait manger à des

---

(1) P. Cuppari; loc. cit. p. 9. — (2) P. Cuppari; loc. cit. p. 9.
(3) (4) Id. loc. cit. p. 10.

chiens du pain saupoudré de la poussière blanche de l'*Oï-dium;* il leur a fait boire de l'eau qui avait servi à laver des vignes malades et n'a observé aucun fâcheux résultat (1). Une note placée à la fin du mémoire (2) indique que les mêmes expérimentations aussi favorables ont été faites par le D.r Honoré Bacchetti , à Pise, et le professeur Pierre Puccetti , à Lucques. Enfin , M. Cuppari , lui-même, a mangé des raisins mûrs et couverts d'*Oïdium* et cela « sans » en être aucunement incommodé (3) ».

Quant aux qualités nuisibles développées par les raisins oïdiés dans la vinification , l'auteur ne peut se prononcer. « Il se peut , que le vin ainsi fabriqué ait quelque odeur » spéciale , ne soit pas de facile conservation, etc. L'expé- » rience prononcera ; mais », avait-il dit précédemment, » » le fruit n'a rien de délétère (4) ».

§. VII.— « *Remèdes à opposer au mal et destinés à obvier aux altérations de la vinification* ».

M. Cuppari qui a mis en usage les divers moyens conseil- lés (fleur de soufre , irrigation d'eau de chaux, cendre, plâtre, urine de vache) , ne peut émettre une opinion bien fondée sur la valeur comparative de ces agents. « Par la » fumigation avec l'acide sulfureux , on n'a pas obtenu » d'effets sensibles ». Pour lui , *sauf vérification ultérieure,* ajoute-t-il avec modestie, l'aspersion de la poudre de chaux ou de plâtre, faite le matin à la rosée , lui a paru plus efficace que l'emploi des solutions des mêmes substances.

« Quant aux précautions à prendre dans la vinification , » il me parait convenable de séparer les raisins sains ou

---

(1) P. Cuppari, loc. cit. p. 11.
(2)   Id.   loc. cit. p. 20.
(3) (4) Id.   loc. cit. p. 11.

» presque sains de ceux qui ne sont que médiocrement alté-
» rés, et de ceux, surtout, qui sont tellement affectés qu'il
» n'y a pas lieu d'en espérer aucune espèce de vin. Les
» premiers seront traités à la méthode ordinaire ; les seconds
» seront lavés et foulés aussi rapidement que possible ; le
» moût sera séparé du marc avant la fermentation ; quant
» aux fruits de troisième qualité, le produit en pourra être
» abandonné à la distillation ; enfin, il est clair que les
» raisins totalement perdus ne devront servir qu'à augmen-
» ter la masse des fumiers (1) ».

§ VIII.— « *Craintes et espérances pour l'avenir de l'industrie
vinicole en Toscane* ».

Comparant les trois grandes cultures de la Toscane (mûrier, olivier, vigne) et remarquant l'importance de cette
dernière, M. Cuppari ne se dissimule pas les fâcheux résultats qui arriveraient pour son pays par l'annihilation de
ce produit sous le triple rapport de l'agriculture, de la richesse nationale et de l'hygiène publique (2). Toutefois, les
faits jusqu'alors observés, et la période dans laquelle on se
trouvait, lui donnent à penser que même la récolte de cette
année (1851) ne sera pas fortement compromise, pas plus
que l'avenir de l'industrie vinicole (3). Malheureusement,
les évènements n'ont pas confirmé les espérances de M.
Cuppari.

A la suite de ces huit paragraphes distincts, l'auteur a
résumé presque aphoristiquement ce que je viens d'analyser,
et c'est par là qu'il termine son rapport.

---

(1) P. Cuppari ; loc. cit. p. 13 et 14.
(2)   Id.   loc. cit. p. 15.
(3)   Id.   loc. cit. p. 18.

N.º 2.— *Discours sur la Maladie du raisin, par le marquis* C. RIDOLFI (1).

(ANALYSE, par M. TH. CUIGNEAU, *D.-M.*).

A la clôture de la séance dans laquelle le professeur Cuppari avait lu le Mémoire précédent, M. le marquis C. Ridolfi, ancien ministre d'agriculture, membre étranger de l'Institut des Provinces de France, et président de l'Académie Royale des Géorgophiles de Florence, prononça un discours dans l'intention de rectifier, corroborer et compléter les observations précédemment publiées.

Ainsi, toutes ses remarques et ses expériences lui donnent « la certitude qu'un air humide et chaud, avec absence » de l'action directe des rayons solaires, favorise le déve- » loppement de l'*oïdium* (2) ».

Il s'en faut de beaucoup que le célèbre agronome partage la sécurité du professeur Cuppari sur le produit des récoltes, soit tardivement, soit légèrement affectées. « Mais, ajoute-t-il, « puisque tout le monde s'accorde à reconnaître » l'efficacité de la chaux caustique pour détruire l'*oïdium*, » pourquoi ne persuaderait-on pas aux cultivateurs de » s'en servir pour combattre ce fléau? (3) » « .... Il » ne faut pas perdre de temps et différer encore à em- » ployer ce moyen, non-seulement pour empêcher que le » champignon augmente ses ravages sur les grappes déjà

---

(1) *Parole dette* del présidente march. C. Ridolfi, alla Reale Accademia de Georgofili, etc.; nell' adunanze del di 3 Agosto 1851. — (ce discours est imprimé à la suite du travail de M. le Professeur Cuppari). — Ces deux Mémoires sont, du reste, extraits du recueil des *Actes* de la susdite société (*Extr. degli Atti*, T. XXIX).

(2) C. Ridolfi; loc. cit. p. 22.

(3) C. Ridolfi; loc. cit. p. 24.

» envahies, non-seulement pour les limiter là où il ne fait
» qu'apparaître, mais surtout pour *préserver* les raisins
» encore épargnés (1) » . . . .
» . . . . « Je dis *préserver*, parce que je suis
» convaincu que la chaux détruit les séminales du champi-
» gnon quand elle est en contact avec elles, comme il ré-
» sulte des expériences que j'ai faites sur le porte-objet du
» microscope. C'est ce qui me fait penser aussi que si la
» surface du raisin était recouverte d'une poussière miné-
» rale, les sporules qui viendraient à y tomber n'y *feraient*
» *pas fortune.* . . . . C'est un même résultat que l'on
» a obtenu dans les établissements de Londres, de Paris et
» de Versailles en saupoudrant les grains de fleur de soufre ;
» c'est ce qui est arrivé aussi chez nous pour les vignes si-
» tuées le long des grandes routes : celles-ci furent, assure-
» t-on, préservées jusqu'au moment des pluies, par la
» poussière terreuse fournie par le piétinement des chevaux
» et le roulement des charriots et des voitures. Si donc ces
» poudres, que j'appellerai *indifférentes* par elles-mêmes,
» puisqu'elles n'ont aucune action chimique possible sur les
» sporules, peuvent néanmoins être puissamment utiles
» par leur seule action mécanique, par leur seule interposi-
» tion, bien plus utile sera la poudre de chaux, qui possède
» par elle-même une alcalinité dont l'action chimique est
» bien plus forte et que l'expérience a d'ailleurs démon-
» trée (2).

On peut employer cette poudre de chaux comme la poudre de soufre, mais ce qui vaut mieux, c'est « d'asperger
» le raisin avec un lait de chaux suffisamment épais, l'ac-
» tion chimique est plus vive et plus durable, et l'action

---

(1) C. Ridolfi ; loc. cit. p. 24.
(2)   Id.   loc. cit. p. 25.

» mécanique est complète. . . . . . . D'autre part, la chaux
» est une substance d'un prix modique, innocente par elle-
» même, se transformant au bout de quelques jours en
» carbonate, et d'ailleurs déjà employée à l'approche des
» vendanges par les cultivateurs qui s'en servent pour pro-
» téger les meilleurs cépages contre la rapacité des marau-
» deurs (1) ».

M. le M.ᵢᵉ Ridolfi conseille aussi d'augmenter l'alcalinité
du lait de chaux par l'addition d'un peu de sel marin ou de
cendre. Quant aux solutions de savon, il n'y a que peu de
confiance et pas du tout dans les acides étendus. En résumant, il ajoute : « Toute solution alcaline est avantageuse,
» mais le lait plus encore que l'eau de chaux me paraît la
» substance que l'on doive employer de préférence. . . . . .
» . . . . Certainement, rien ne serait plus
» actif qu'une huile fine quelconque pour détruire la pro-
» duction cryptogamique ; mais comment concilier cet em-
» ploi avec la cherté ordinaire de ces substances, comment
» ne pas redouter leur action sur les fonctions végétales,
» comment enfin, ne pas craindre quelque altération dans
» la qualité du vin produit (2) ».

N.º 3. — *Lettre de Mgr.* DELLA FANTERIA, *adminis-*
trateur de l'Archevêché de Pise, adressée à M. le
Comte ALEXANDRE DE BONY.

1.ʳᵉ RÉPONSE : La maladie du raisin n'était pas connue en
Toscane avant 1850 ; aucune vigne ne paraissait indiquer
une détérioration dans la qualité du raisin ou du vin. — Au
commencement de 1851, le mal était sérieux et étendu, —

---

(1) C. Ridolfi ; loc. cit. p. 26.
(2)   Id.   loc. cit. p. 27.

On ne trouve dans aucun ouvrage (mémoire, histoire ou chronique) aucun indice de pareil accident, si ce n'est dans Pline et dans un écrivain gênois de 1743. C'est dans la plaine de Pise que l'affection s'est montrée d'abord et plus gravement, vers la fin du mois de Juin.

2.me— Les vallées de l'Arno, de l'Era, et du Perchia, le territoire de Pietra Santa et celui de Barga furent gravement attaqués par la maladie en 1851, et plus gravement et plus promptement encore en 1852. En général, la plaine fut plus frappée que les collines et les montagnes. Les progrès ne furent pas notables sous le rapport du nombre de lieux attaqués, mais sensibles sous celui de l'intensité du mal.

3.me — La Maremme ne fut pas touchée par la maladie ; mais le Pietra Santino le fut, quoique, comme l'autre contrée, il soit situé dans le voisinage de la mer.

4.me — La qualité des terrains et la diversité de culture qui s'y fait remarquer, n'ont pas apporté de différence notable dans la maladie : voici quelques phénomènes particuliers que je crois devoir citer : Une vigne plantée dans le jardin, situé dans la ville de Pise, de celui qui vous écrit, a produit cette année des grappes d'une saveur excellente et d'une parfaite maturité, des grappes moitié saines et moitié malades, et des grappes totalement détruites par la maladie. Le phénomène le plus important est que les vignes dont les grappes reposent sur la terre, ont donné généralement des raisins intacts, comme les vignes situées près des haies et qui étaient protégées contre l'action de l'air.

5.me — Les vignes qui croissent sans culture dans les bois ont souffert comme les autres de la maladie, moins celles qui étaient couchées sur le sol par la raison indiquée au N.° 4.

6.me — En général, les raisins fins ont été plus maltraités que ceux plus communs. Du reste, pas de différence notable.

7.ᵐᵉ — On discute beaucoup en Toscane, sur la nature et la cause de la maladie. On y est communément d'accord sur ce point que le germe en est répandu dans l'air et se développe plus ou moins en raison des dispositions qu'il trouve sur les plantes ou sur les grappes.

8.ᵐᵉ On a conseillé et tenté beaucoup de remèdes : l'incision pratiquée au pied de la plante, la chaux délayée, l'urine, les acides de toute espèce, mais sans qu'aucun ait produit de bons résultats.

9.ᵐᵉ — La maladie se présente sur les grappes et sur les feuilles sous l'aspect d'une toile d'araignée adhérente aux unes et aux autres, et sur les rameaux des vignes, sous l'aspect d'une légère couche (pellicule), d'une couleur noirâtre et opaque. Cette année, elle a commencé à paraître au commencement de Mai, et augmentant d'intensité par intervalles ; car le mal s'est quelquefois arrêté et a permis au raisin de croître et de venir à maturité. Les progrès dans le nombre des localités affectées n'ont pas été réguliers, mais se faisaient comme par bonds.

10.ᵐᵉ — Le raisin malade est toujours couvert d'une poussière ou *toile d'araignée* blanche ; et quand il a été lavé par la pluie, il se recouvre très-promptement de la même poussière. Le même phénomène se retrouve sur les feuilles et très-rarement sur la souche des mêmes vignes.

11.ᵐᵉ — Les plants de vigne qui avaient souffert de la maladie en 1851, ont développé une végétation qui semblait promettre un produit magnifique pour l'année 1852. Quelques personnes redoutent la perte des plants, spécialement des plus vieux ; d'autres propriétaires ne partagent pas cette crainte. Les rameaux ont souffert et sont courts, mais ils ne sont pas gravement atteints.

12.ᵐᵉ — Le raisin le plus attaqué est resté très-chétif, noir et dur ; quelques personnes l'ont pilé dans un bassin

de pierre et en y ajoutant de l'eau, ont obtenu une mauvaise
boisson d'un goût tout particulier. Le raisin moins malade
a produit du vin, mais mauvais à divers degrés. Le raisin
qui est resté intact a fourni de bon vin comme les années
précédentes. En général, le vinaigre a été meilleur que
les années ordinaires. L'année passée, le vin, s'est conservé
parfaitement; mais pour cette année, il va à mal (il tourne),
ce qui peut dépendre d'une douceur inaccoutumée dans la
température.

13.me — Le vin fait avec des raisins malades ne cause
aucun dommage à la santé publique, qui est meilleure que
d'ordinaire, et cette raison a rendu inutiles toutes pres-
criptions de la part du Gouvernement.

14.me — Pas de différence dans la distillation.

15.me — Les études des agriculteurs et des savants n'ont
amené aucun résultat, sur la grande question du remède à
opposer au fléau.

Pise, 29 Décembre 1852.

L. Della Fanteria.

———————

N.º 4. — *Lettre de M.* Pardocchi (de Pise), *adressée*
à M. le C.le Alexandre de Bony.

Très-cher Comte,

Je suis loin d'être en état de pouvoir répondre aux nombreuses questions que vous m'adressez au sujet de la maladie des raisins. Les journaux et en particulier ceux du Piémont ont traité cette matière avec assez de détails.

Je vous dirai seulement que j'ai apporté une attention
toute spéciale dans mes propriétés, situées à *Monte-Carlo,*
colline du *Valdi-Nievole* et dans les dernières cultures des
Apennins, aux confins du territoire de Modène.

Dans le *Valdi-Nievole* (colline bien exposée), à peine

en 1851, connut-on la maladie ; en 1852, nous avons perdu un sixième de la récolte. Les raisins les plus délicats ont été atteints de préférence aux autres. En particulier, le muscat blanc a été entièrement perdu.

Je vous ferai remarquer une circonstance toute particulière.

Le 23 Septembre, le temps était beau, le soleil très-chaud. Les paysans s'apercevaient que le raisin changeait de couleur, et ils se hâtèrent de vendanger. Pour moi, je m'obstinais à attendre une maturité plus parfaite ; mais le 26, le changement survenu dans les fruits était devenu tellement visible, que quelques jours de retard auraient amené la destruction totale de la récolte. Je remarquai et fis remarquer les jours suivants, le changement que l'on pourrait constater du matin au soir, et je fus ainsi contraint à faire un vin particulier avec ma dernière récolte, et la réussite n'en fut pas parfaite.

Le raisin cueilli pour la table a conservé toute sa délicatesse jusqu'à la fin de Décembre dernier.

Les raisins, dits *Colore*, *Canino*, qui nous servent à colorer les vins un peu trop clairs et que nous faisons bouillir dans de grands chaudrons, n'ont donné, cette année, ni consistance ni force à la couleur du vin.

Les vignes jeunes (3, 4, 5 ans) sont restées intactes. Dans les plants adultes et surtout chez les vieux, le mal a été violent. Toutefois, j'ai constaté que sur mes jeunes provins (1, 2 ans), une petite quantité de fruits ont été attaqués et complètement gâtés avant la fin du mois d'Août.

Quelques vignes *sauvages*, nées sur les hauteurs, et qui croissent naturellement près des buissons, non-seulement ont été *attaquées en totalité*, mais encore leurs fruits ont été entièrement détruits.

Les lieux bas et humides, exposés à l'influence des brouillards ont été plus gravement endommagés.

Le terrain de nos collines est calcaire ; et les fonds tenus en meilleur état de culture sont ceux qui ont donné le plus de fruits et ceux dont la maturité a été la plus parfaite.

Il est très-essentiel de noter que les vignes auxquelles la
taille n'avait laissé que des rejetons courts et peu nombreux
(une maîtresse branche ou deux au plus ; trois ou quatre
yeux), se sont mieux développées et ont donné des produits
supérieurs et plus abondants. Une de mes vignes était précédemment négligée ; j'ai voulu la réparer en partie , en la
traitant avec du fumier de chèvre et de mouton. La partie
que j'ai fortifiée [par ce bienfaisant secours , s'est améliorée
et m'a donné du fruit et d'excellents rejetons pour provins.

La maladie n'a pas porté également sur toutes les parties
d'un même vignoble ni d'un même pied de vigne : nous
avons vu , sur le même cep, une branche malade , l'autre
saine : une branche malade près du tronc, restait saine à
son extrémité , et *vice versâ ;* une grappe était malade à son
extrémité inférieure sans que son sommet fût atteint , et *vice
versâ.* Ces mêmes observations ont été faites sur les diverses qualités de raisins blancs et les plus délicats.

Nous reconnaissons maintenant que les vignes vieilles et
malades sont complètement perdues.

Dans la *Garsaguana ,* sur le flanc des Apennins, on n'a
eu que peu de mal en 1851 , et cela seulement dans les
plantations exposées au mîdi ; tandis que le long d'un cours
d'eau, au pied du *San Pellegrino ,* j'ai vu une vigne et quelques arbres servant de *hautains ,* et qui sont exposés au
Nord, porter et mener à bien une bonne récolte , tandis que
tout ce qui était placé à l'exposition contraire fut perdu.

En 1852 , la récolte a été détruite avec une grande promp-
titude et en totalité ; mais sachez aussi que dans ces localités, on laisse à un pied de vigne, quoique vieux , jusqu'à
10 , 12 et 15 maîtresses branches.

Cette année, le vinaigre , même celui de la qualité la plus
inférieure, a eu de la force, mais sans délicatesse. Je n'ai
pu réussir à faire du vinaigre blanc, bien que j'y aie apporté
toute la diligence et tout le soin possible. Le marc n'a pas
pu passer à la fermentation acide et s'est moisi.

Je me suis empressé de séparer les raisins bons des raisins imparfaits. Néanmoins, le vin est faible, si toutefois on en excepte celui fait avec les mieux choisis.

En général, le vin se gâte; je n'ai pas vu jusqu'ici que le Gouvernement ait pris aucune mesure pour empêcher ou surveiller la vente de ces produits.

Il est inutile de vous dire que la maladie a suivi chez nous dans son développement les mêmes errements que dans les autres parties de la Toscane.

On a essayé toutes sortes de moyens curatifs mais inutilement.

Lorsque, au mois d'Avril ou de Mars, la vigne bourgeonne et se développe, nous sommes malheureusement obligés de pincer l'extrémité de chaque pousse pour empêcher la destruction par les chenilles qui l'attaquent.

Or, on a observé que les vignes que l'on avait omis, soit par incurie, soit par fausse économie des cultivateurs, de soumettre à ce traitement de précaution, ont été plus gravement endommagées.

Les gens de la campagne, dans leur ignorance, attribuent à la vapeur et aux chemins de fer ce fléau, et soyez assuré que leur croyance à cette absurdité est telle, que tous les raisonnements sont inutiles. Chez moi, le premier qui en parlera sera renvoyé.

C'est avec regret que je me vois privé de vous donner des notions plus précises, mieux coordonnées, plus détaillées; je ne suis pas en état de le faire comme le demanderait l'importance de la matière. Mais votre sollicitude pourra peut-être recueillir, dans ma lettre, une idée quelconque de ce qui m'est arrivé, sans que pourtant je puisse me flatter d'avoir complètement répondu à vos désirs.

Croyez-moi, avec estime et amitié,

Votre très-affectionné,

D. PARDOCCHI.

Pise, le 5 Janvier 1852.

BORDEAUX. IMPRIMERIE DE TH. LAFARGUE, LIBRAIRE.